药用植物山蒟杀虫活性研究与应用

董存柱　著

化学工业出版社
·北京·

本书在总结药用植物山蒟研究进展的基础上，结合作者多年的研究成果，首次系统全面地阐述了山蒟的杀虫活性，详细介绍了山蒟的提取，化合物的分离鉴定，山蒟提取物对家蝇、白纹伊蚊、致倦库蚊、椰心叶甲、斜纹夜蛾、香蕉花蓟马、荔枝椿、豇豆蚜虫、甜菜夜蛾、赤拟谷盗、黑腹果蝇、黄曲条跳甲、橘小实蝇和瓜实蝇等害虫的毒杀活性，山蒟精油的杀虫活性，山蒟化合物的杀虫活性，山蒟微乳剂的配制。

本书可供农化公司、绿色植物种植基地的科研人员、技术人员及大中专院校农药化学、天然产物化学、植物保护相关专业的师生阅读参考。

图书在版编目（CIP）数据

药用植物山蒟杀虫活性研究与应用/董存柱著.—北京：化学工业出版社，2018.11

ISBN 978-7-122-33258-5

Ⅰ.①药… Ⅱ.①董… Ⅲ.①药用植物-植物性杀虫剂-研究 Ⅳ.①TQ453.3

中国版本图书馆CIP数据核字（2018）第255862号

责任编辑：刘 军 冉海滢　　装帧设计：关 飞
责任校对：宋 夏

出版发行：化学工业出版社（北京市东城区青年湖南街13号 邮政编码100011）
印 装：中煤（北京）印务有限公司
710mm×1000mm 1/16 印张10¼ 字数183千字 2018年10月北京第1版第1次印刷

购书咨询：010-64518888　　售后服务：010-64518899
网 址：http://www.cip.com.cn
凡购买本书，如有缺损质量问题，本社销售中心负责调换。

定 价：80.00元

前言

山蒟为胡椒科胡椒属植物山蒟（*Piper hancei* Maxim）的干燥藤茎，主要分布在我国江西、安徽、浙江、江苏等长江中下游地区及华南各地。山蒟具有抗炎止痛、舒筋活络之功效，临床主要用于治疗风湿痛、关节痛、气喘、咳嗽、感冒等，为中药海风藤的主要代用品。

前人研究主要集中在医学医药方面，报道发现山蒟具有抗血小板活性、消炎活性、抗微生物活性、抗氧化活性、抗癌活性、细胞毒性、抗抑郁活性。作者在杀虫活性筛选中发现山蒟具有优良的杀虫活性，击倒速度快，通常3h就表现明显击倒活性。经查阅国内外文献，未见相关报道，作者首次报道了山蒟的杀虫活性。且在研究中发现，山蒟活性成分提取率高，提取比较容易，只需甲醇浸泡冷浸提、石油醚萃取就可以使用；而且提取对象是山蒟的整株，植物利用率特别高，不像其他胡椒属植物的杀虫活性利用的是胡椒属植物的种子。山蒟植物材料来源比较方便，成本低廉。但是目前山蒟的杀虫活性还没有被系统地开发利用。作者在研究中也发现山蒟杀虫谱比较广，几乎对测试过的所有害虫都有活性。作者编写此书的目的就是详细阐述山蒟的提取方法、杀虫谱、活性成分、精油活性及山蒟微乳剂的配制，为山蒟的农用杀虫活性充分利用提供理论依据，推广山蒟杀虫活性的开发利用，为植物源农药的开发利用提供一份素材。

本书在总结药用植物山蒟研究进展的基础上，结合作者多年的研究成果，首次系统全面地阐述了山蒟的杀虫活性，详细介绍了山蒟的提取，化合物的分离鉴定，山蒟提取物对家蝇、白纹伊蚊、致倦库蚊、椰心叶甲、斜纹夜蛾、香蕉花蓟马、荔枝椿、豇豆蚜虫、甜菜夜蛾、赤拟谷盗、黑腹果蝇、黄曲条跳甲、橘小实蝇和瓜实蝇等害虫的毒杀活性，山蒟精油的贮粮害虫杀虫活性，山蒟化合物的杀虫活性，山蒟微乳剂的配制。为避免产生错误与误解，本书中部分化合物沿用其规范的英文名称，也便于读者检索与阅读。

本书的出版特别感谢本课题组参与了部分研究的老师和同学，分别是：骆焱平、王兰英、刘文波、王禹、马浩伟、吴廷杰、林觉波、邓克明、周婧雅、马倩、赵灏、余森泉、卜淼淼和侯宗敏。

本书的出版得到了国家自然科学基金（31360447）、海南省重点研发计划（ZDYF2016184）和海南自然科学基金（317046）的支持。

本书在参考前人研究的基础上，结合了课题组对山蒟杀虫活性的研究成果总结而成。而作者研究水平有限，加之时间仓促，不足之处在所难免，敬请读者批评指正。

董存柱

2018 年 8 月

第一章　绪论 / 1

第二章　胡椒属的中国分布种类、山蒟的鉴定与栽培管理 / 13

第三章　山蒟化合物的提取分离方法 / 23

第四章 化合物的分离鉴定 / 29

第五章　山蒟提取物杀虫活性 / 73

第七章 山药化合物杀虫活性 / 129

第八章 山药微乳剂剂型配制 / 147

第一章

绪　论

山蒟（*Piper hancei* Maxim），又名山蒌，属胡椒科 Peperaceae 胡椒属 *Piper* Linn.，一种多年生常绿木质藤本植物，主要分布在我国长江中下游地区及华南各省。具有抗炎止痛、舒筋活络之功效，临床主要用于治疗风湿痛、关节痛、气喘等，为中药海风藤的主要代用品，在浙江、福建、云南、贵州、广东当作石南藤使用。近年农用活性的研究表明，山蒟干燥藤茎和叶的提取物具有明显杀虫活性。

一、胡椒的资源分布及药用种类

1. 资源分布

胡椒属植物多为灌木或藤本，全世界约有 2000 种，主要分布在热带和亚热带地区。我国有本属植物 60 多种，4 变种，近 20 种作药用，具有较广泛的分布，主产于广东、海南、云南、福建、台湾等南部省区。

2. 药用种类

胡椒属药用植物有 22 种，分别是胡椒（*P. nigrum*）、荜拨（*P. longum*）、蒟酱（*P. betle*）、海风藤（*P. kadsura*）、石南藤（*P. wallichii*）、荜澄茄（*P. cubeba*）、山蒟（*P. hancei*）、假蒟（*P. sarmentosum*）、光轴贮叶蒟（十八症，*P. boehmeriaefolium* var. *tonkinense*）、毛山蒟（石蒟，*P. martinii*）、大叶蒟（*P. laetispicum*）、短蒟（细芦子藤，*P. mullesua*）、蒟子（大麻疙瘩，*P. yunnanense*）、毛蒟（毛蒌，*P. hongkongense*）、假荜拨（长果荜拨，*P. retrofractum*）、岩参（*P. pubicatulum*）、毛叶胡椒（玉溪天仙藤，*P. puberulilimbum*）、华南胡椒（*P. austrosinense*）、海南蒟（*P. hainanense*）、思茅胡椒（芦子藤，*P. szemaoense*）、变叶胡椒（*P. mutabile*）、小叶爬岩香（*P. arboricola*）。

二、胡椒属次生代谢产物

Parmar 曾对胡椒属植物的化学成分进行综述，总结了近 600 种化合物。胡椒属植物分离得到多种具有生理活性的化合物，即生物碱、木脂素、新木脂素、丙烯基酚类、萜类、类固醇、内酯、查耳酮、二氢查耳酮、黄酮类和二氢黄酮类。其中，酰胺生物碱、木脂素和新木脂素是该属特征性化学成分。

1. 生物碱类

酰胺类生物碱是胡椒属植物的主要生物碱成分，也是研究较早的一类化合物。胡椒碱（piperine）广泛存在于该属植物中，具有抗惊厥和镇静作用。另外，贺启芬等从小叶爬岩香 *P. arboricola* 中分离得到的3,4-二甲基苯丙酰胺，药理实验表明其具有镇痛和安定作用。该属的生物碱主要有以下五种结构类型：第一类，哌啶型，如常见的胡椒碱；第二类，吡啶酮型，如从荜拨 *P. longum* 分离的荜茇明碱；第三类，吡咯烷型，如从 *P. trichostachyon* 中分离的三中脉酰胺；第四类，异丁胺型，如从荜拨中分离的荜茇宁；第五类，阿朴啡型，如从 *P. auritum* 中分离的 cepharadione A、B，从荜拨中分离的 piperolactam A。此外，从本属植物中还分离到个别结构比较特殊的酰胺类生物碱，如从 *P. trichostachyon* 中分离的吡咯烷型化合物 cyclostachine A、B 和异丁胺型化合物 cyclopiperstachine，及一个从 *P. tuberchlatum* 中分离的双并合吡啶酮类生物碱 piperlartinedine。

2. 黄酮类

从胡椒属植物中已分离出多种黄酮类成分，有黄酮、二氢黄酮及查耳酮，如从 *P. sylvaticum*，*P. petpuloides* 中分离得到黄酮4′,7-二甲氧基-5-羟基黄酮，3′,5-羟基-4′,7-二甲氧基黄酮，5-羟基-3-4′,7-三甲氧基黄酮及从 *Piper methysticum* 中分离的查耳酮 flavokawaine。

3. 环氧化合物、有机酸及酚类化合物

1969年，S. Takahashi 从风藤中分离出一个环氧化合物 futoxide，即 crotepoxide，该化合物最初从长穗巴豆 *Croton macrostachys* 中分离得到，具有显著的抗癌活性。P. Coggon 等通过X射线衍射分析确定了该化合物的立体构型，并对其进行了全合成。近年来，对山蒟、*Piper clarkii* 及石南藤的化学研究表明，futoxide 也存在于以上植物中。从本属植物中分离出多种有机酸，如从 *Piper aurantiacum* 中分离的脂肪酸硬脂酸和软脂酸及从 *Piper auritum* 中分离的苯甲酸衍生物 piperochromenoic acid 和 piperoic acid。近来，从 *Piper clarkii* 和 *Piper taboganum* 中还分离出几个酚类化合物，如3-(4-羟苯基）丙基二十四酸及 methyltoboganate。

此外，从本属植物中还分离出一些酯类化合物，如从 *piper fadyfnii* 中得到的丁烯羟酸内酯 fadenolide 及从 *Piper hookeri* 中分离的一个较少见的含氯化合物 pipoxide。

4. 木脂素和新木脂素类

这类化合物为血小板活化因子（PAF）受体拮抗剂，能抑制血小板活化因子与受体的结合，活性强，选择性高。血小板活化因子是近年来发现的一种脂类递质，与风湿、气喘、过敏等疾病有关系。

K. L. Dhar 等从 *P. peepuloide* 中分离得到了第一个木脂素 sesamin。本属植物中分离出的木脂素类化学成分主要为单环氧木脂素类和双环氧木脂素类，及简单木脂素和木脂内酯。如从 *P. cubeba* 中分离出的 dihydrocubebin，hemiarensin，dihydroclusin，*p-O*-ethylcubebin，*α-O*-ethylcubebin 等属于单环氧木脂素；从 *P. sarmentosum* 中得到的(+)-asarininsesamin，horsfieldin 属于双环氧木脂素。从 3 种本属植物中分得 4 个简单木脂素。首先在可治疗感冒、肠道疾病的西非里胡椒 *P. guineese* 中分得 1-hydrocubebin，在 *P. clusii* 中也分出了该化合物及 1-hydroclusin，并从 *P. cubeba* 中得到了 3 个类似的化合物。木脂内酯（lignanolide）为单环氧木脂素的氧化状态，Konl 等从 *P. clusii* 和 *P. cubeba* 中发现 9 个该骨架类型的化合物。

胡椒属新木脂素研究始于 20 世纪 60 年代末，自从本属植物海风藤 *P. kadsura* 中分离出具有拮抗 PAF 活性的木脂素类化学成分后，对该类化合物的研究得到了重视。到目前为止，已从胡椒属中发现了 40 多个新木脂素类化合物，多数具有 PAF 拮抗作用，从木脂素的构效关系看，含呋喃环或双环辛烷类木脂素是值得注意的抗 PAF 活性成分。本属植物分离出的新木脂素主要为 futoenone、苯丙素侧链与苯环直接连接的结构类型Ⅱ、Ⅲ、苯并呋喃类新木脂素、双环辛烷型新木脂素、苯丙素侧链通过氧桥与苯环连接的结构类型。futoenone 型：20 世纪 60 年代末，日本学者 A. Ogiso 从风藤中发现了二烯酮结构的 futoenone，并对其进行了全合成；其后，J. Benveniete 等对 futoenone 成功地进行了结构修饰。苯丙素侧链与苯环直接连接的结构类型Ⅱ，Ⅲ：日本学者 Takahashi 等先后从风藤中发现了一组 8-5′连接的化合物；20 世纪 80 年代中期，韩桂秋等以分子生物学为指导，从山蒟（*P. hancei*）、瓦氏胡椒（*P. wallichii*）等植物中又筛选出一系列 8-5′连接的化合物，其中 hancienone、wallichine 具有明显的 PAF 拮抗作用；Green 等为寻找抗昆虫化合物，从 *P. capense* 中也分出了 4 个该结构类型的化合物，其中 3 个为极少见的 8-1′位连接的新木脂素。苯并呋喃类新木脂素（benzofuran neolignan）：从风藤及山蒟中发现了 13 个不同并合位置及氧化程度的 *α*-芳基，3-甲基苯并呋喃新木脂素Ⅳ-Ⅵ，其中的 kadsurenone，denudatin B，dlicarin，acuminatin 的 PAF 拮抗活性最好。双环辛烷型新木脂素：近来，对风藤、山蒟进行深入研究，发现了 8 个双环辛烷型新木脂素Ⅶ，Ⅷ，药理实验表明 marcrophyllin 型双环辛烷型新木脂素 PAF 拮抗活性明显。苯丙素侧链通过氧桥与苯环连接的结构类型：从 *P. capense* 及樟叶胡椒（*P. polysyphorum*）中发现了 3 个分别通过 8-*O*-3及 8-*O*-4′连接的该类型化合物。

三、胡椒属的药理活性与医学应用

胡椒属药用植物用于治疗风寒湿痹，均与 PAF 拮抗活性有关，PAF 为一种内源性脂类介质，是最强的血小板激活剂和血小板聚集诱导剂。1979 年经化学鉴定和全合成，确定其结构为 1-*O*-烷基-2(*R*)-乙酰基-Sn-甘油-3-胆碱磷酸酯［1-*O*-alkyl-2(*R*)-acetyl-Sn-glycero-3-phosphorylcholine］。研究表明它通过与受体结合产生生理生化反应，并且 *R* 构型的 PAF 才能产生相关反应。PAF 受体可从人体血小板中分离出来，是一种蛋白质。PAF 与其特异性受体部位的结合是其产生体外体内活性的关键步骤。PAF 拮抗剂可能用于治疗过敏性的呼吸系统疾病、炎症、内毒素、严重烧伤引起的休克、器官移植排斥、牛皮癣、动脉粥样硬化等。因此特异性的 PAF 拮抗剂作为新药的研究，已成为近十年来国际医药研究的热点之一。

天然的强活性的 PAF 拮抗剂有两个代表性的化合物，一个是自银杏中分离得到的萜类化合物银杏内酯 B（ginkgolide B），一个是自海风藤中分离得到的木脂素类化合物海风藤酮（kadsurenone）。由于这两个化合物的结构中都有呋喃环的存在，因此有人认为作为 PAF 拮抗剂，呋喃环可能是产生活性的必要部分。在我国医学中，银杏及海风藤皆有治疗哮喘、风寒湿痹、心痛等的记载。

胡椒属草药多味辛、甘，性温，具有祛风湿、强腰膝、补肾壮阳、止咳平喘、活血止痛的功效，主治风寒湿痹、腰膝酸痛、阳痿、咳嗽、气喘、痛经、跌打肿痛等。其中，一些药用植物还有重要的经济价值，如胡椒是很好的调味品，又能温胃散寒、健胃止呕；荜拨、海风藤、山蒟等为名贵的中药材，有镇痛、健胃、抑制血小板活化因子与受体的结合、治疗动脉粥样硬化等效能。

四、胡椒属农用活性研究

胡椒属植物的农用曾有报道：Miyakado 等从 30 种食品香料的研究中发现黑胡椒（*Piper nigrum*）抽提物对淡色库蚊（*Culex Pipiens pallens*）幼虫和绿豆象（*Callosobruchus chinensis*）有很强的毒杀活性。Mark 等报道：*P. tuberculatum* 中分离的piplartine、demethoxy 可使切叶蚁（*Atta cephalotes*）

拒食，有植物保护作用。Jacobs 等从 *P. amalago* 中分离的六个生物碱有杀 *Aedes aegytii* 幼虫活性。McFerren 等从 *p. piscatorum* 中分离的piperovatine，pipercallosidine 是鱼的麻醉剂。冯岗等采用叶片浸渍法测试胡椒碱及假蒟乙醇提取物对螺旋粉虱成虫和若虫的毒杀活性及杀卵作用。董存柱等研究了山蒟对家蝇（*Musca domestica* Linaeus）、白纹伊蚊（*Aedesalbopictus Sknse*）、致倦库蚊（*Culex pipiens quinquefasciatus*）、椰心叶甲［*Brontaspa Longissama* (Gestro)］的活性，马浩伟等研究了山蒟对斜纹夜蛾［*Spodoptera litura* (Fabricus)］和香蕉花蓟马［*Thrips hawaiiensis* (Morgan)］的活性，并开发出了山蒟甲醇提取物的微乳剂剂型。

五、山蒟的生物活性

目前对山蒟化学成分的研究已有一些报道，其主要成分为木脂素类、酰胺类生物碱等。海风藤中含有海风藤酮（属新木脂类成分），具有很强的抗血小板活化因子作用。据报道，山蒟中含有海风藤酮及其异构体。

1. 抗血小板活性

PAF 是参与炎症和血小板聚集的磷脂分子，有几项研究报道了从山蒟中筛选出具有潜在抗血小板活性的成分，韩桂秋研究小组报道了山蒟酮 B、山蒟酮 C、海风藤酮、风藤酰胺是 PFA 受体拮抗剂，还报道了来自山蒟的乙醇提取物抑制血小板活化因子诱导的兔血小板聚集和 PAF 诱导的炎症反应。

2. 消炎活性

海风藤有消炎活性，市场上通常用山蒟和毛蒟代替海风藤。韩桂秋等报道从山蒟中分离到三个化合物有消炎活性。Kim 通过评估 LPS 激活 BV-2 细胞（一种小胶质细胞）产生一氧化氮（NO）来评估抗神经炎症的活性，结果表明，海风藤酮具有抗神经炎症作用。

3. 抗微生物活性

墙草碱、藜芦酸、β-谷甾醇、胡萝卜苷、豆甾-4-烯-3,6-二酮都是山蒟中发现的化合物，但是从荜澄茄、假荜拨和假蒟发现的这些化合物经测定都有抗微生物活性。墙草碱对单核细胞增多性李司忒氏菌有中等至强的抑制作用，最小抑菌浓度在 62.5～125μm/L 之间，体外生物测定表明，胡萝卜苷具有抗菌活性；藜芦酸主要对革兰氏阳性菌有抗菌作用。

4. 抗氧化剂活性

从山蒟和三七根中分离到的巴豆环氧化合物具有抗氧化活性，Pajak 用 2，2-联氮基-双(3-乙基)-苯并噻唑-6-磺酸（ABTS），1，1-二苯基-2-三硝基苯肼（DPPH）和铁能够降低抗氧化能力（FRAP）试验验证香草酸的抗氧化活性，Yao 课题组研究表明丁香酸也具有抗氧化活性。

5. 抗癌活性

Do 团队报道胡椒碱不仅抑制细胞增殖，而且在转录水平上也抑制 HER2 基因的表达，并通过 caspase-3 活化和 PARP 切割诱导细胞凋亡，并能有效地杀伤乳腺癌细胞。Pradeep 等的研究表明，胡椒碱对 B16F-10 黑色素瘤细胞具有剂量依赖性的抗癌活性，并抑制 ATF-2、c-Fos 和 CREB 等转录因子。

6. 细胞毒性

通过三种不同的细胞毒性试验，发现 aristolactam AⅢa、nigrodine 和 guineensine 对人宫颈癌 HeLa 细胞具有细胞毒性作用。nigrinodine 对 CCRF-CEM、H-60、PC-3、P-388、HT-29、A 549 和 HA22T 具有细胞毒性。

7. 其他生物活性

retrofractamide A 和 piperine 对诱导肺伤害的小鼠的 D-galactosamine（D-GaIN）/lipopolysaccharide(LPS）有保护作用。guineensine 通过抑制体外培养的 Hep G2. 2. 15 细胞株，能明显抑制抗 HBV 作用。chingchengenamide A 具有抗抑郁作用。

六、山蒟的应用

山蒟主要用于入药，有行气止痛、祛风消肿之功效，能治风湿性关节炎、腰膝无力、咳嗽气喘等。山蒟生长及攀附能力强，能在较短时间内形成对树干等物体的覆盖，是我国热带、亚热带地区少有的具有较高园林绿化价值的藤本植物，在城市立体绿化，特别是立柱及高架桥墩绿化中具有广泛的应用前景。另外本书作者发现山蒟具有良好杀虫活性，而且杀虫成分含量高，全株都可以作为植物源农药使用，开发应用相对比较容易，有很好的开发利用前景。

参 考 文 献

[1] 简曙光，李玲，张倩媚，等. 山蒟（*Piper hancei*）的生态生物学特征 [J]. 生态环境学

报，2009，18（2）：608-613.
［2］ 周亮．黄三七、山药化学成分及生物活性的研究［D］．北京：中国协和医科大学，2004.
［3］ 程用谦．中国植物志［M］．北京：科学出版社，1982，20（1）：14.
［4］ 蔡诚诚．十三种中国胡椒属药用植物分子生物学鉴定及化学成分分析［D］．上海：复旦大学，2011.
［5］ 国家中医药管理局《中华本草》编委会．中华本草［M］．上海：科学技术出版社，1998，8：424-446.
［6］ Parmar V S，Jain S C，Bisht K S，et al. Phytochemistry of the *genus Piper* ［J］. Phytochemistry，1997，46（4）：597-673.
［7］ 中国医学科学院药物研究所等．中药志［M］．第3册．北京：人民卫生出版，1984：498.
［8］ 贺启芬．山蒟有效成分胡椒碱的结构测定［J］．中草药，1981，12(10)：1.
［9］ Okongu J I，Ekong D E U. Extracts from the fruits of *Piper Guineense* Schum and Thonn ［J］. Journal of the Chemical Society Perkin Transactions，1974：2195.
［10］ Joshi B S，Kamat Y N，Saksena A K. On the srtucture of Piplartine and a Synthesis of Dihydropiplarpine ［J］. Tetrahedron Letters，1968，20：2395.
［11］ Singh J，Dhar K L，Atal C K. Studies on the Genus Piper-IX. Structure of Trichostachine，an alkaloid from *Piper Trichospachyon* ［J］. Tetrahedron Letters，1969，10（56）：4975-4978.
［12］ Chatterjee A，Dutta C P. Alkaloids of *Piper Longum* Linn-I structure and synthesis of *Piper longumine* ［J］. Tetrahedron，1967，23：1769.
［13］ Desai S J，Prabhu B R，Mulchandani N B. Aristolactams and 4,5- Dioxoaporphines from *Piper Longum* ［J］. Indian J Chem，1975，13（1）：1234.
［14］ Desai S J. Extracts from the fruits of *Piper Guineense* Schum ［J］. Phytochemistry，1988，27（5）：1511.
［15］ Joshi B S，Viswanathan N，Gawad D H，et al. Piperaceae alkaloids：part Ⅳ（structure and synthesis of Cyclostachine A，Cyclostachine B and Cyclopiperstachine）［J］. Helvetica Chimica Acta，1975，58（8）：2295-2305.
［16］ Joshi B S，Kamat Y N，Saksena A K. On the srtucture of Piplartine and a Synthesis of Dihydropiplarpine ［J］. Tetrahedron Letters，1968，9（20）：2395-2400.
［17］ 李吉莹．中药海风藤的生药学研究［D］．武汉：湖北中医药大学，2007.
［18］ Gupta O P，Gupta S C，Dhar K L，et al. A New Piperidine alkaloid from *Piper Peepuloides* ［J］. Phytochemistry，1978，17（3）：601-602.
［19］ Banerji J. On the srtucture of Piplartine and a Synthesis of Dihydropiplarpine ［J］. Phytochemistry，1974，13：2327.
［20］ Banerji J. Extracts from the fruits of *Piper Guineense* Schum. and Thonn ［J］. J Nat Prod，1982，45（6）：672.
［21］ Desai S J，Prabhu B R，Mulchandani N B. Aristolactams and 4,5-Dioxoaporphines from *Piper Longum* ［J］. Phytochemistry，1988，27（5）：1511-1515.

[22] Dutta C P. Piperaceae alkaloids：part Ⅳ，（structure and synthesis of Cyclostachine A，Cyclostachine B and Cyclopiperstachine）[J]. Indian J Chem，1973，11（5）：509.

[23] Takahashi S. Aristolactams and 4，5-Dioxoaporphines from *Piper Longum* [J]. Phytochemistry，1969，8：321.

[24] Kupchan S M. Alkaloids of *Piper Longum* Linn-I structure and synthesis of Piperlongumine and Piperlongumine [J]. J Org Chem，1969，34（12）：3898.

[25] Coggon P. On the srtucture of Piplartine and a Synthesis of Dihydropiplarpine [J]. J Chem Soc（B），1969，534.

[26] Ichihara A. Studies on the Genus Piper-IX. Structure of Trichostachine，an alkaloid from *Piper Trichospachyon* [J]. Tetrahedron Letters，1974，48：4235.

[27] Oda K. A new Piperidine alkaloid from *Piper Peepuloides* [J]. Tetrahedron Letters，1975，37：3187.

[28] 韩桂秋．海风藤活性成分胡椒碱的结构测定 [J]. 药学学报，1989，24（6）：438.

[29] 李书明．海风藤活性成分海风藤酮的结构测定 [J]. 药学学报，1987，22（3）：196.

[30] Singh J. Aristolactams and 4，5-Dioxoaporphines from *Piper Longum* [J]. Phytochemistry，1988，27（5）：1511-1515.

[31] Ampofo S A. On the srtucture of Piplartine and a Synthesis of Dihydropiplarpine [J]. Phytochemistry，1987，26（8）：2367.

[32] Boll P M. Aristolactams and 4，5-Dioxoaporphines from *Piper Longum* [J]. Phytochemistry，1992，31（3）：1035.

[33] Roussis V. An alkaloid from *Piper Trichospachyon* [J]. Phytochemistry，1990，29（6）：1787.

[34] Pelter A. Piperaceae alkaloids：part Ⅳ（Structure and synthesis of Cyclostachine A，Cyclostachine B and Cyclopiperstachine）[J]. Tetrahedron Letters，1981，22（16）：1545.

[35] Singh J. Studies on the Genus Piper-IX. Structure of Trichostachine，an alkaloid from *Piper Trichospachyon* [J]. Indian J Pharm，1971，33（3）：50.

[36] 韩桂秋，李书明，李长龄．山蒟新木脂素成分的研究 [J]. 药学学报，1986，21（5）：361-365.

[37] 马迎，韩桂秋，李长龄．樟叶胡椒中新木脂素成分的研究 [J]. 药学学报，1991，26（5）：345-350.

[38] Dhar K L，Raina M L. Lignans and neolignans from piperaceae [J]. Planta Med. 1973，23：295.

[39] Elfahmi，Ruslan K，Batterman S，et al. Lignan profile of *Piper cubeba*，an Indonesian medicinal plant [J]. Biochemical Systematics & Ecology，2007，35（7）：397-402.

[40] Rukachaisirikul T，Siriwattanakit P，Sukcharoenphol K，et al. Chemical constituents and bioactivity of *Piper sarmentosum*. Journal of Ethnopharmacology，2004，93（2）：173-176.

[41] Tuntiwachwuttikul P，Phansa P，Pootaeng Y，et al. Chemical constituents of the roots of *Pipers Sarmentosum* [J]. Chem Pham Bull. 2006，54（2）：149-151.

[42] Dwuma Badu D. Studies on the Genus Piper-IX. Structure of Trichostachine, an alkaloid from *Piper Trichospachyon* [J]. Lloydia, 1975, 38 (4): 343.

[43] Koul S K. Extracts from the fruits of *Piper Guineense* Schum and Thonn [J]. Phytochemistry, 1984, 23 (9): 2099.

[44] Bharathi R, Prabhu. Alkaloids of *Piper Longum* Linn structure and synthesis of Piperlongumine and Piperlongumine [J]. Phytochemistry, 1985, 24 (2): 329.

[45] Banheka L P. Piperaceae alkaloids: part Ⅳ (structure and synthesis of Cyclostachine A, Cyclostachine B and Cyclopiperstachine) [J]. Phytochemistry, 1987, 26 (7): 2033.

[46] Koul S K. A New Piperidine alkaloid from *Piper Peepuloides* [J]. Phytochemistry, 1983, 22 (4): 999.

[47] Banheka L P. On the srtucture of Piplartine and a Synthesis of Dihydropiplarpine [J]. Phytochemistry, 1986, 25 (2): 487.

[48] Chatterjee A, Dutta C P. Alkaloids of Piper Longum Linn structure and synthesis of Piperlongumine and Piperlongumine [J]. Tetrahedron, 1967, 23 (4): 1769.

[49] Ogiso A. A New Piperidine alkaloid from *Piper Peepuloides* [J]. Tetrahedron Letters, 1968, 16: 2003.

[50] Takahashi S. On the srtucture of Piplartine and a Synthesis of Dihydropiplarpine [J]. Chem Phar Bull, 1970, 18 (1): 100.

[51] 马迎．海风藤活性成分——海风藤酮的提取分离研究 [J]. 药学学报, 1991, 26 (5): 345.

[52] 李书明．海风藤活性成分海风藤酮的结构测定 [J]. 植物学报, 1987, 29 (3): 293.

[53] Joshet N. Alkaloids of *Piper Longum* Linn structure and synthesis of Piperlongumine [J]. J Nat Prod, 1990, 53 (2): 479.

[54] Green T P. Piperaceae alkaloids: part Ⅳ (structure and synthesis of Cyclostachine A, Cyclostachine B and Cyclopiperstachine) [J]. Phytochemistry, l991, 30 (5): 1649.

[55] 韩桂秋，马迎，李长龄．胡椒属植物中木脂素类血小板活化因子拮抗活性成分及构效关系的研究 [J]. 北京医科大学学报, 1992, 24 (4): 349-350.

[56] Miyakado M, Nakayama I, Ohno N. Insecticidal unsaturaed isobutylamides. in: Insecticides of Plant Origin. A. C. S. Symposium series No. 387 [J]. American Chemical Society, Wshington D. C. , 1989, 173-187.

[57] Mark A C, David F W. Piplaroxide, an ant-repellent piperidine epoxide from *Piper tuberculatum* [J]. The Journal of Natural Product, 1996, 59: 794.

[58] Jacobs H, Navindra P S, Muraleedharan G N, et al. Amides of *Piper amalago* var [J]. Journal of the Indian Chemical Society, 1999, 76: 713.

[59] 冯岗，袁恩林，张静．假蒟中胡椒碱的分离鉴定及杀虫活性研究 [J]. 热带作物学报, 2013, 34 (11): 2246-2250.

[60] 董存柱，徐汉虹．山蒟（*piper hancei* Maxim）杀虫活性初步研究 [J], 农药, 2012, 51 (2): 141-143.

[61] 董存柱，王禹，徐汉虹．山蒟对椰心叶甲的生物活性研究 [J]. 热带作物学报, 2011,

32 (12): 2316-2319.

[62] 马浩伟，董存柱，赵灏．山蒟提取物对斜纹夜蛾和香蕉花蓟马的毒性研究 [J]. 湖南农业科学，2016 (8): 72-74，77.

[63] 董存柱，吴廷杰．5%山药微乳剂的配方研制 [J]. 农药，2013，52 (9): 656-659.

[64] 雷海鹏，陈显强，乔春峰．山药藤茎化学成分研究 [J]. 中药材，31 (1): 69-71.

[65] 赵淑芬，张建华，韩桂秋．山蒟醇提取物的抗血小板聚集作用 [J]. 首都医科大学学报，1996，17 (1): 28-31.

[66] 韩桂秋．中草药中血小板活化因子受体拮抗活性成分的研究 [J]. 自然科学进展：国家重点实验室通讯，5 (2): 161-166.

[67] Singh P, Singh I N, Mondal S C, et al. Platelet-activating factor (PAF)-antagonists of natural origin [J]. Fitoterapia, 2013: 84: 180-201.

[68] Lin L C, Shen C C, Shen Y C, et al. Anti-inflammatory neolignans from *Piper kadsura* [J]. Journal of Natural Products, 2006, 69: 842-844.

[69] 韩桂秋，魏丽华，李长龄．石南藤、山蒟活性成分的分离和结构鉴定 [J]. 药学学报，1989，24 (6): 438-443.

[70] Medini F, Ksouri R, Falleh H, et al. Effects of physiological stage and solvent on polyphenol composition, antioxidant and antimicrobial activities of Limonium densiflorum [J]. Journal of Medicinal Plants Research, 2011, 5: 6719-6730.

[71] Bodiwala H S, Singh G, Singh R, et al. Antileishmanialamides and lignans from *Piper cubeba* and *Piper retrofractum* [J]. Journal of Natural Medicines, 2007, 61: 418-421.

[72] Oh J, Hwang I H, Kim D C, et al. Anti-listerial compounds from Asari Radix [J]. Archives of Pharmacal Research, 2010, 33: 1339-1345.

[73] 余丽，梅文莉，左文健．剑叶三宝木枝条中的抗菌活性成分研究 [J]. 时珍国医国药，2013，24 (3): 591-593.

[74] Pajak P, Socha R, Gakkowska D, et al. Phenolic profile and antioxidant activity in selected seeds and sprouts [J]. Food Chemistry, 2014, 143: 300-306.

[75] Yao Y, Tian J, Liu C, Cheng X, et al. Antioxidant and antidiabetic activities of black mung bean (Vigna radiata L.) [J]. Journal of Agricultural and Food Chemistry, 2013, 61: 8104-8109.

[76] Kenny O, Smyth T J, Hewage C M, et al. Antioxidant properties and quantitative UPLC-MS analysis of phenolic compounds from extracts of *fenugreek* (Trigonella foenum-graecum) seeds and bitter melon (Momordica charantia) fruit [J]. Food Chemistry, 2013, 141: 4295-4302.

[77] Do M T, Kim H G, Choi J H, et al. Antitumor efficacy of piperine in the treatment of human HER2-overexpressing breast cancer cells [J]. Food Chemistry, 2013, 141: 2591-2599.

[78] Pradeep C R, Kuttan G. Piperine is a potent inhibitor of nuclear factor-kappaB (NF-kappaB), c-Fos, CREB, ATF-2 and proinflammatory cytokine gene expression in B16F-10 melanoma cells [J]. International immunopharmacology, 2004, 4: 1795-803.

[79] Li Y Z, Tong A P, Huang J. Two New Norlignans and a New Lignanamide from *Peperomia tetraphylla* [J]. Chemistry & Biodiversity, 2012, 9: 769-776.

[80] Marques J V, Kitamura R O, Lago J H, et al. Antifungal Amides from *Piper scutifolium* and *Piper hoffmanseggianum* [J]. Journal of Natural Products, 2007, 70: 2036-2039.

[81] Chen J J, Duh C Y, Huang H Y, et al. Cytotoxic constituents of *Piper sintenensis* [J]. Helvetica Chimica Acta, 2003, 86: 2058-2064.

[82] Jiang Z Y, Liu W F, Zhang X M, et al. Anti-HBV active constituents from *Piper Iongum* [J]. Bioorganic & Medicinal Chemistry Letters, 2013, 23: 2123-2127.

[83] Xie H, Yan M C, Jin D, et al. Studies on antidepressant and antinociceptive effects of ethylacetate extractfrom *Piper laetispicum* and structure-activity relationship of its amide alkaloids [J]. Fitoterapia, 2011, 82: 1086-1092.

第二章

胡椒属的中国分布种类、山蒟的鉴定与栽培管理

胡椒属（*Piper*）为胡椒科（Piperaceae），有2000多种，在全世界几乎都有分布，主要分布在热带和亚热带地区。胡椒属植物在热带美洲的多样性最丰富（700多种），其次是东南亚地区（400多种）。多为直立或攀援草本、灌木，稀有小乔木。很多胡椒属植物具有重要的商业、经济和药用价值。在经济和商业上，胡椒素有“香料之王”的美誉，是世界上重要的香辛料作物之一，在医药上作为健胃剂和解热剂使用。在医药上，胡椒属植物被用于多种的医药系统中，如传统中药、印度阿育吠陀医药、拉丁美洲和西印度群岛的民间药。胡椒属植物还有其他许多用途，如作为食物、调味品、鱼饵、致幻剂、杀虫剂、油、装饰品、香水等。

我国是世界胡椒属植物的重要分布区之一，主要分布在东南和西南地区以及台湾省。云南是我国胡椒属植物的主要分布地，也是物种多样性最高的地区，数量高达39种，占全国分布种数60%以上，以此为中心向我国东部和北部扩散，物种数量逐渐减少。我国有60余种胡椒属植物，接近30种具良好的药用价值，民间多用作活血、止痛和抗风湿性疾病药物，其中以海风藤使用较为广泛。

第一节　胡椒属的中国分布种类及检索表

胡椒属为灌木或攀援藤本，稀有草本或小乔木。茎、枝有膨大的节，揉之有香气；维管束外面的联合成环，内面的成一或两列散生。叶互生，全缘；托叶贴生于叶柄上，早落。花单性，雌雄异株，或稀有两性或杂性，聚集成与叶对生或稀有顶生的穗状花序，花序通常宽于总花梗的3倍以上；苞片离生，少有与花序轴或与花合生，盾状或杯状；雄蕊2～6枚，通常着生于花序轴上，稀着生于子房基部，花药2室，2～4裂；子房离生或有时嵌生于花序轴中而与其合生，有胚珠1颗，柱头3～5，稀有2。浆果倒卵形、卵形或球形，稀长圆形，红色或黄色，无柄或具长短不等的柄。我国有60种，4个变种，其分布见检索表2-1（行末序号指向下一个层级）。

表2-1　胡椒属中国分布植物检索表

1花两性，苞片圆形，中央具柄或近无柄着生于花序轴上。(2)仁盈亚属

1花单性，雌雄异株，如为杂性（*P. nigrum* Linn.）则苞片匙状长圆形，腹面贴生于花序轴上，仅边缘和顶部分离。(5)胡椒亚属

2花序球形，直径2.5～3mm。短蒟

2 花序圆柱形，长 3～13cm，直径 2～3mm。(3)

3 枝、叶背面脉上和总花梗均被毛。河池胡椒

3 枝、叶和总花梗均无毛。(4)

4 叶卵形或阔椭圆形，顶端短渐尖；花序长 3～5cm，总花梗与叶柄近等长。中华胡椒

4 叶卵状披针形或披针形，顶端长渐尖而具尖头；花序长 8～13cm，总花柄比叶柄长 3～4 倍。大苗山胡椒

5 苞片长圆形、匙状长圆形或倒卵状长圆形，腹面贴生于花序轴上，仅边缘和顶部分离。(6) 胡椒组

5 苞片圆形，中央或近中央具柄或无柄着生于花序轴上。(17) 离苞组

6 果无柄。(7)

6 果具长短不等的柄。(14)

7 花杂性；栽培种。胡椒

7 花单性，雌雄异株；野生种。(8)

8 叶至少背面被毛。(9)

8 叶两面均无毛。(10)

9 枝、叶腹面无毛；叶顶端骤然紧缩具短尖头；叶柄长 3～5cm 或更长；总花梗短于叶柄，苞片长 3～4mm。卵叶胡椒

9 枝密被粗毛；叶顶端渐尖，腹面沿脉上尤其是中脉基部被疏粗毛；叶柄长 5～15mm；总花梗长于叶柄，苞片长 1.5～2mm。屏边胡椒

10 叶脉羽状。勐海胡椒

10 叶脉掌状，全部基出或仅 1 对离基从中脉发出。(11)

11 直立亚灌木；叶 7 脉，最上 1 对离基 2.5～5cm 从中脉发出。樟叶胡椒

11 攀援藤本；叶 5～7 脉，基出或近基出，如为近基出时则最上 1 对叶脉离基约 5mm 从中脉发出。(12)

12 花序长 1.5～5cm；果序长 3～3.5cm。变叶胡椒

12 花序长 7～27cm；果序长 10～22cm。(13)

13 叶基部微凹，凹缺宽度狭于叶柄宽度；果纺锤形，表面有疣状凸起，聚集成稠密的果序。海南蒟

13 叶基部无凹缺；果卵形或卵状球形，表面平滑，聚集成间断或疏松的果序。疏果胡椒

14 叶基部斜心形，常具重叠的两耳，背面被长柔毛；苞片有缘毛。大叶蒟

14 叶基部钝圆至渐狭，两面均无毛；苞片无缘毛。(15)

15 叶 5 脉，基出，最内 1 对基部与中脉平行紧贴，至离基约 5mm 与中脉成锐角弧形上升；果序长 6～6.5cm，果倒卵形。柄果胡椒

15 叶 7～9 脉，最上 1 对离基 1.5～3cm 从中脉发出；果序长 16～37cm，果球形或近球形。(16)

16 总花梗长于叶柄，果序长 29～37cm；果柄粗壮，长 1～2mm。短柄胡椒

16 总花梗短于叶柄，果序长约 16cm；果柄纤细，长 3～4mm。陵水胡椒

17 花序顶生或有时兼有与叶对生。顶花胡椒

17 花序与叶对生。(18)

18 雌花序圆柱形，长为宽的数倍至数十倍。(19)

18 雌花序近球形，长和宽近相等。(63)

19 叶两面或背面或仅背面脉上被不同类型的毛。(20)

19 叶两面及脉上均无毛。(41)

20 叶至少背面被分枝的复毛。(21)

20 叶被不分枝的单毛。(23)

21 叶基部偏斜，浅心形或半心形，两侧通常不等，背面被疏毛，毛少部分分枝；苞片背面无毛。毛蒟

21 叶基部钝圆，两侧稍不等，背面密被毛，毛几乎全部分枝；苞片背面近顶端有 2～5 条长毛。(22)

22 叶卵形或卵状披针形，长 4.5～9cm，宽 2.2～5cm；总花梗短，长 5～10mm。复毛胡椒

22 叶椭圆形或长椭圆形，长 12～18cm，宽 6～8cm；总花梗长 2～4cm。大叶复毛胡椒

23 叶脉全部基出或仅 1 对离基从中脉发出。(24)

23 叶脉羽状或近羽状，至少有 2 对离基从中脉发出。(39)

24 叶基部心形或弯缺成耳状（少有花枝顶部的叶除外），其弯缺宽度远宽于叶柄之宽度。(25)

24 叶基部钝圆或短狭，如微凹时则凹缺之宽度狭于叶柄之宽度。(36)

25 子房和果嵌生于花序轴中并与其合生。(26)

25 子房和果在花序轴上离生。(33)

26 叶至少背面各处被毛。(27)

26 叶仅沿脉上被毛。(29)

27 雄花序长 2.5～4cm，雌花序于果期长约 3cm；总花梗短于叶柄，花序轴无毛。华山蒌

27 雄花序长 7～8cm，雌花序于果期长 6～11cm；总花梗长于叶柄，花序轴被粗毛。(28)

28 叶卵形，稀长卵形，长 13～16cm，宽 6.5～9.5cm，明显 9 脉。多脉胡椒

28 叶卵状披针形至长圆形，长 9～14cm，宽 2.5～4cm，7 脉。狭叶多脉胡椒

29 直立亚灌木；叶 9 脉；果表面多疣状凸起。蒟子

29 攀援藤本或匍匐草本；叶 7 脉；果表面平滑或顶端有脐状凸起。(30)

30 叶沿脉上被硬毛，叶鞘长为叶柄的 2/3～3/4；苞片有缘毛。缘毛胡椒

30 叶沿脉上被极细的粉状短柔毛，叶鞘长为叶柄的 1/3～1/2；苞片无缘毛。(31)

31 叶脉全部基出；花序轴无毛。荜拨

31 叶脉有 1 对离基 7～20mm 从中脉发出；花序轴被毛或雌花序轴无毛。(32)

32 雄花序长 11.5～2cm，雌花序长 6～8mm；果无毛。假蒟

32 雄花序长可达 15cm，雌花序长 3～5cm；果顶端被绒毛。蒌叶

33 叶基部斜耳形，两耳极不等，8～9 脉；叶柄短，长约 2mm。盈江胡椒

33 叶基部心形，两侧相等或略有不等，5～7 脉；叶柄长 1～4cm 或更长。(34)

34 叶沿脉上被极细的粉状短柔毛（放大镜下始见）；叶鞘长为叶柄之半或过之。长柄胡椒

34 叶背面或脉上被粗毛或短柔毛（肉眼易见）；叶柄仅基部具鞘。(35)

35 叶被粗毛，毛向上弯曲成钩状，最上 1 对叶脉离基 1～2cm 从中脉发出。小叶爬崖香

35 叶被短柔毛，毛不弯曲；叶脉全部基出或近基部发出。风藤

36 苞片柄无毛；子房和果一部分嵌生于花序轴中并与其合生；雌总花梗向上渐粗肿，尤以花序基部更明显。毛叶胡椒

36 苞片柄被毛；子房和果在花序轴上离生；雌总花梗向上不增粗。(37)

37 苞片干时背面有三色，中心部分黑色，第二圈增厚呈环状，带浅白色，外圈淡黄色；叶柄仅基部具鞘。三色胡椒

37 苞片干时背面仅一色；叶鞘长可达 7～10mm。(38)

38 雄花序长为叶片的 2 倍，其总花梗长为叶柄的 2.5～3 倍；雌花苞片柄于果期几不延长，被疏毛。毛山蒟

38 雄花序与叶片近等长，其总花梗与叶柄近等长；雌花苞片柄于果期延长达 2mm，密被白色长毛。石南藤

39 叶腹面无毛，背面沿脉上或仅在脉的基部被疏毛；总花梗无毛；苞片具柄，直径不超过 1.2mm。苎叶蒟

39 叶两面被毛；总花梗密被毛；苞片无柄或具短柄，直径 1.5～1.7mm。(40)

40 叶椭圆形或倒卵状椭圆形；叶鞘长为叶柄之半；苞片具短柄；雄蕊 2 枚；果倒卵形。滇南胡椒

40 叶长椭圆形或卵状披针形；叶柄仅基部具鞘；苞片无柄；雄蕊 3 枚；果近球形。思茅胡椒

41 叶脉全部基出或仅 1 对离基从中脉发出。(42)

41 叶脉羽状或近羽状，至少有 2 对离基从中脉发出。(55)

42 叶脉全部基出或稀有上部的叶为近基出，如为近基出时，则其中 1 对叶脉离基不超过 3mm。(43)

42 叶脉有 1 对离基 1cm 以上从中脉发出。(44)

43 叶顶端短尖至渐尖；雄花序短于叶片，雌花序长 2～3cm；果球形，基部嵌生于花序轴中并与其合生。华南胡椒

43 叶顶端尾状渐尖，尖头长 1～2cm；雄花序长于叶片，雌花序长达 8cm 以上；果长圆形，在花序轴上离生。兰屿胡椒

44 叶基部心形，其弯缺之宽度远宽于叶柄之宽度；叶盾状着生。绿岛胡椒

44 叶基部钝圆或短狭，如微凹时则凹缺之宽度狭于叶柄之宽度；叶柄不为盾状着生。(45)

45 子房和果嵌生于花序轴中并与其合生。(46)

45 子房和果在花序轴上离生。(49)

46 苞片有缘毛；雌花序粗壮，长 25～30cm，直径达 1cm。粗穗胡椒

46 苞片无缘毛；雌花序纤细，长 2~3.5cm，直径 2～3mm。(47)

47 苞片柄和花序轴被毛。裸果胡椒

47 苞片柄和花序轴无毛。(48)

48 叶卵形或长卵形，基部稍不等；叶柄仅基部具鞘。肉轴胡椒

48 叶椭圆形或长圆形，基部偏斜不等齐，一侧阔而钝圆，另一侧狭而楔尖；叶鞘与钝圆的一侧叶柄等长或过之。斜叶蒟

49 叶鞘长为叶柄之半或过之；叶片顶端短尖至渐尖。(50)

49 叶柄仅基部具鞘；叶片顶端长渐尖至尾状渐尖。(53)

50 雄花序长 9～21cm，雌花序长 6～15cm；花序轴有蜂巢状窝孔，雌雄蕊或至少雌蕊和果着生于花序轴的窝孔内。(51)

50 雄花序长 3.5～10cm，雌花序长 2～3.5cm；花序轴无窝孔。(52)

51 苞片圆形，具细短柄；雌总花梗向上渐粗肿，尤以花序基部更甚，其序轴密被橘黄色粗毛；果倒卵形，干时无皱纹。粗梗胡椒

51 苞片卵形，具直径约 0.5mm 或几与苞片等大的粗柄；雌总花梗向上不增粗，其花序轴被粗毛，但不为橘黄色；果球形，干时有粗皱纹。黄花胡椒

52 叶 5 脉；雄花序长约 3.5cm，苞片直径达 1.1～1.5mm。恒春胡椒

52 叶 5～7 脉；雄花序长 6～10cm，苞片直径约 0.8mm。山蒟

53 叶 5～7 脉；叶柄长 11～30mm；雌雄花序较长（雄花序长 8～16cm，雌花序长 6～12cm)；苞片略大，直径约 1.2mm；果卵形，顶端尖。尼泊尔胡椒

53 叶 4～5 脉；叶柄长 4～15mm；雌雄花序较短（雄花序长 1.5～4cm，雌花序长 1.5～6.5cm)；苞片小，直径 0.7～0.8mm；果球形。(54)

54 叶长圆形或卵状披针形；叶柄长 1～1.5cm；叶脉在腹面凹入，在背面显著凸起；苞片具被毛的长柄。红果胡椒

54 叶披针形至狭披针形；叶柄长 4～6mm；叶脉在腹面不凹入；苞片近无柄或具短柄。竹叶胡椒

55 子房和果在花序轴上离生；叶基部通常偏斜不等，一侧圆，另一侧短狭，或兼有两侧均短狭者。(56)

55 子房和果嵌生于花序轴中并与其合生；叶基部两侧相等或略有不等。(62)

56 叶背面脉上密被红褐色腺点。腺脉蒟

56 叶背面脉上无腺点。(57)

57 直立亚灌木；苞片大，直径 1.2～2mm，具粗短的柄。(58)

57 攀援藤本；苞片小，直径 0.5～1mm，具细长的柄。(60)

58 叶 9～10 脉；果小，直径约 1.2mm。光茎胡椒

58 叶 7～8 脉；果大，直径约 3mm。(59)

59 叶狭，长椭圆形至长圆状披针形，顶端渐尖至长渐尖；总花梗远长于叶柄，长 2～3.5cm；花序轴被毛；苞片直径约 1.2mm。苎叶蒟

59 叶较阔，椭圆形、卵状长圆形或卵形，顶端短尖至渐尖；总花梗略长于叶柄；花序轴无毛；苞片直径约 1.5mm 或过之。光轴苎叶蒟

60 叶大，歪阔椭圆形或歪阔卵形，长 15～21cm，宽 7～12cm；果序长约 3cm。岩参

60 叶较小，卵形、狭卵形或椭圆形，长 7～14cm，宽 4～8cm；果序长 9～14cm。(61)

61 叶椭圆形，基部 5 脉；总花梗与叶柄近等长；苞片小，直径约 0.5mm。细苞胡椒

61 叶卵形或狭卵形，基部 3 脉；总花梗长为叶柄的 2 倍；苞片直径约 1mm。角果胡椒

62 叶脉近羽状，侧脉 3 对，仅有 2 对离基从中脉发出；花序轴被毛；野生种。台东胡椒

62 叶脉羽状，侧脉 4～5 对或更多，全部离基从中脉发出；花序轴无毛；栽培种。假蒟拨

63 叶柄和叶片脉上无毛；总花梗纤细，比叶柄长 4 倍；雄蕊 2 枚，子房和果嵌生于花序轴中并与其合生。线梗胡椒

63 叶柄和叶背脉上被极细的短柔毛；总花梗与叶柄等长或较短；雄蕊 4 枚，子房在花序轴

上离生。(64)

64 叶大，长 6.5～14cm，宽 4～8cm，基部通常偏斜，钝或浅心形，至少有 5 脉基出；总花梗短于叶柄。球穗胡椒

64 叶较小，长 3～7cm，宽 1～2.5cm，基部钝圆，两侧近相等，仅有 3 脉基出；总花梗与叶柄近等长。小叶球穗胡椒

第二节　山蒟的主要鉴定特征

山蒟（*Piper hancei* Maxim）属胡椒科（Peperaceae）胡椒属（*Piper* Linn.）常绿攀援木质藤本植物。《中国植物志》对山蒟分类特征的描述：攀援藤本，长数至 10 余米，除花序轴和苞片柄外，余均无毛；茎、枝具细纵纹，节上生根。叶纸质或近革质，卵状披针形或椭圆形，少有披针形，长 6～12cm，宽 2.5～4.5cm，顶端短尖或渐尖，基部渐狭或楔形，有时钝，通常相等或有时略不等；叶脉 5～7 条，最上 1 对互生，离基 1～3cm 从中脉发出，弯拱上升几达叶片顶部，如为 7 脉时，则最外 1 对细弱，网状脉通常明显；叶柄长 5～12mm；叶鞘长约为叶柄之半。花单性，雌雄异株，聚集成与叶对生的穗状花序。雄花序长 6～10cm，直径约 2mm；总花梗与叶柄等长或略长，花序轴被毛；苞片近圆形，直径约 0.8mm，近无柄或具短柄，盾状，向轴面和柄上被柔毛；雄蕊 2 枚，花丝短。雌花序长约 3cm，于果期延长；苞片与雄花序的相同，但柄略长；子房近球形，离生，柱头 4 或稀有 3。浆果球形，黄色，直径 2.5～3mm。详见图 2-1。

产于浙江、福建、江西南部、湖南南部、广东、广西、贵州南部及云南东南部。生于山地溪涧边、密林或疏林中，攀援于树上或石上，生于海拔 500～1700m 林中。

山蒟四季常绿，枝叶繁茂，生命力强，叶有辣味，不易感染病虫害，具气生根，可攀援于岩石、墙面、树干、篱笆上生长。全株供药用，能祛风止痛，治疗风湿、咳嗽、感冒。

赖小平等将药材性状鉴定为：叶片稍皱缩，薄纸质，呈灰褐色，手摸之粗糙，完整叶呈长披针形，叶片长 3～5cm，宽 3～4cm，叶脉 5 条多见，最内 1 对互生，离基从中脉发出。茎扁圆柱形，直径 0.3～5mm，有纵棱，节膨大，不定根常见，辛辣味较浓。

海风藤和山蒟比较相像，难鉴定，海风藤、山蒟叶腹背面均具有瘤状突

起，气孔外突二极无小缘。一般采用理化鉴定的方法进行鉴定，常用的理化鉴定方法主要包括：物理常数测定、常规检查、一般理化鉴别、色谱法、光谱法、色谱-光谱联用分析法、浸出物测定以及含量测定等。于立佐对海风藤及山蒟进行荧光分析，发现 365nm 紫外光下，海风藤显黄绿色，山蒟显黄棕色。

(a) 山蒟植株整体　(b) 山蒟果实

(c) 山蒟叶背面　(d) 山蒟叶正面

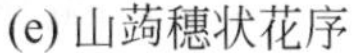
(e) 山药穗状花序

(f) 野生山药生长环境

图 2-1 山药鉴定图片

第三节 山蒟的栽培管理

山蒟喜阴湿环境（特别是幼苗期），忌强光，耐贫瘠，耐修剪，对土壤要求不高，在潮湿、肥沃的赤红壤上生长最佳。生于海拔 500～1700m 山地溪涧边、密林或疏林中，攀援于树干或岩壁上。分布于浙、赣、闽、湘、两广及云、贵、琼等区域，具有较高观花和观果特性。这种植物秋季硕果累累，冬季叶色翠绿，具有一定的观赏价值，但是耐寒性较差，在作为园林绿化植物时应加以考虑。可用播种、压条、扦插、分株等方法繁殖。茎长达 10 余米，无毛，圆柱形，略有棱，节上常生不定根。花期 3～6 月，花单性，雌雄异株，成穗状花序。果期 5～8 月，浆果球形，黄色，干时变黑色。喜温暖湿润气候，耐阴性强，是一种优美的攀援植物，可做绿墙、绿柱及林下地面覆盖物等。

山蒟适宜在 50%～75%遮阴水平下生长，在这个遮阴条件下，茎生长量、叶面积、植株含水量、叶绿素含量增加，比叶重减小。山蒟为适应弱光环境，通过增加叶面积、叶绿素含量等来充分利用环境中的漫射光，提高光能的吸收。在全光照、过低光照下均出现生长不良、甚至植株死亡的情况。这可能是当光照极强时，植物叶片受到灼伤，影响植株生长；当光强极低时，植株不能有效捕获足够的光能，光合作用不能正常进行，导致植株生长不良。

参 考 文 献

[1] Ghosh R，Darin K，Nath P，et al. An overview of various *Piper* species for their biological activities [J]. International Journal of Pharma Research & Review Jan，2014，3 (1)：67-75.

[2] Ahuja M R，Jain S M. Genetic diversity and erosion in plants [J]. Sustainable Development and Biodiversity，2016，1 (7)：178-254.

[3] Ma J，Jones S H，Marshall R，et al. A DNA-damaging oxoaporphine alkaloid from *Piper caninum* [J]. Journal of Natural Products，2004，67 (7)：1162-1164.

[4] 郝朝运，谭乐和，范睿，等. 我国胡椒属植物区系地理研究 [J]. 植物分类与资源学报，2012，34 (5)：421-429.

[5] Junqueira A P F，Perazzo F F，Souza G H B，et al. Clastogenicity of *Piper cubeha* (Piperaceae) seed extract in an in vivo mammalian cell system [J]. Genetics and Molecular Biology，2007，30 (3)：656-663.

[6] 杜前，张恩娟. 胡椒属植物药理作用的研究 [J]. 药学实践杂志，2006，24 (3)：139-141.

[7] 张东东，孙金金. 胡椒属植物资源应用研究进展 [J]. 现代农业科技，2016，(10)：74-76.

[8] 程用谦. 中国植物志 [M]. 北京：科学出版社，1982，20 (1).

[9] 刘建强. 厚藤等 4 种野生藤本植物的繁育与抗逆性研究 [D]. 杭州：浙江农林大学，2010.

[10] 赖小平，刘心纯，李献江，等. 山蒟的生物鉴别研究 [J]. 广州中医学院学报，1994，11 (2)：101-104.

[11] 蔡诚诚. 十三种中国胡椒属药用植物分子生物学鉴定及化学成分分析 [D]. 上海：复旦大学，2011.

[12] 康延国. 中药鉴定学 [M]. 北京：中国中医药出版社，2007：48.

[13] 于立佐. 海风藤及其伪品山蒟的理化鉴定 [J]. 中药材，1997，11 (20)：558-559.

[14] 简曙光，李玲，张倩媚，等. 山蒟 (*Piper hancei*) 的生态生物学特征 [J]. 生态环境学报，2009，18 (2)：608-613.

[15] 钟泰林，李根有，石柏林. 低温胁迫对四种野生常绿藤本植物抗寒生理指标的影响 [J]. 北方园艺，2009，(9)：161-164.

[16] 钟泰林，李根有，石柏林. 5 种野生常绿藤本植物园林应用探讨 [J]. 中国园林，2009，25 (9)：56-59.

[17] 许建新，戴耀良，刘菲，等. 遮荫对山蒟 (*Piper hancei*) 苗生长特性的影响 [J]. 福建林业科技，2011，38 (2)：88-91，94.

山蒟化合物的提取分离方法

一、山蒟粗提物的提取

采用冷浸提法：

(1) 将采集的山蒟植物材料放在阴凉处晾干（由于植物湿度太大，经常翻动，防止发霉），分批次放入50℃烘箱中烘干（以折断发脆作为烘干的标准）。

(2) 烘干后山蒟植物用粉碎机粉碎，密封袋封装放入冰箱备用。

(3) 将粉碎后材料装入大型溶剂桶内（50kg），加入甲醇浸泡。溶剂：干粉=5：1（体积/质量），直至材料全部浸泡，期间每隔5h上下翻滚晃动一次，以浸泡充分，4d后抽滤，残渣再加入同量的甲醇继续浸泡，反复三次，合并滤液。

(4) 滤液在大型旋转蒸发仪上60℃减压蒸馏浓缩，溶剂回收再用，即得到甲醇粗提物浸膏，置于4℃冰箱保存备用。

二、山蒟甲醇提取物的萃取提取分离

通过粉碎、浸泡、减压浓缩获得的浸膏，利用化合物在不同溶剂中溶解度不同的特性，通过萃取提取方法，把化合物粗分几个极性段，分别用石油醚、氯仿、乙酸乙酯萃取，最终得到石油醚相、氯仿相、乙酸乙酯相和水相，分离过程如图3-1所示。

萃取前先用小试管做预试验，观察萃取后液相分层现象和萃取效果。萃取过程中会产生乳化，大量样品萃取时要轻摇振荡，或加入一些氯化钠增加水相的密度，使絮状物溶于水中，迫使有机物溶于有机相萃取剂中；或用玻璃棒不断搅拌进行机械破乳；或延长萃取时间达到萃取效果。通过薄层色谱法（TLC）检查不同溶剂的萃取效果。

萃取的具体步骤是，取一部分山蒟甲醇提取物浸膏，加入水，使浸膏溶解于水中，再加入石油醚，如果溶解效果不好，可以考虑先加石油醚溶解，然后再加入水，比例为1：1。然后转入梨形分液漏斗中，上下振荡几次，使水相和石油醚相有一个充分的接触交换，而后置于分离漏斗架上静置分层。待充分分层后，打开分液漏斗下面开关放出水相，剩下石油醚相从分液漏斗上面倒出，水相再加入分离漏斗，加入石油醚于分液漏斗，反复萃取3～4次，直到所加入石油醚经振荡完全透明。合并石油醚萃取相，并于50℃减压浓缩，得到石油醚萃取相萃取物。而后再在石油醚萃取后的水相中，反复加入氯仿萃取，得到氯仿相萃取物，仿照如上操作，得到乙酸乙酯相萃取物，剩下水相减压旋转蒸发，得到水相萃取物。

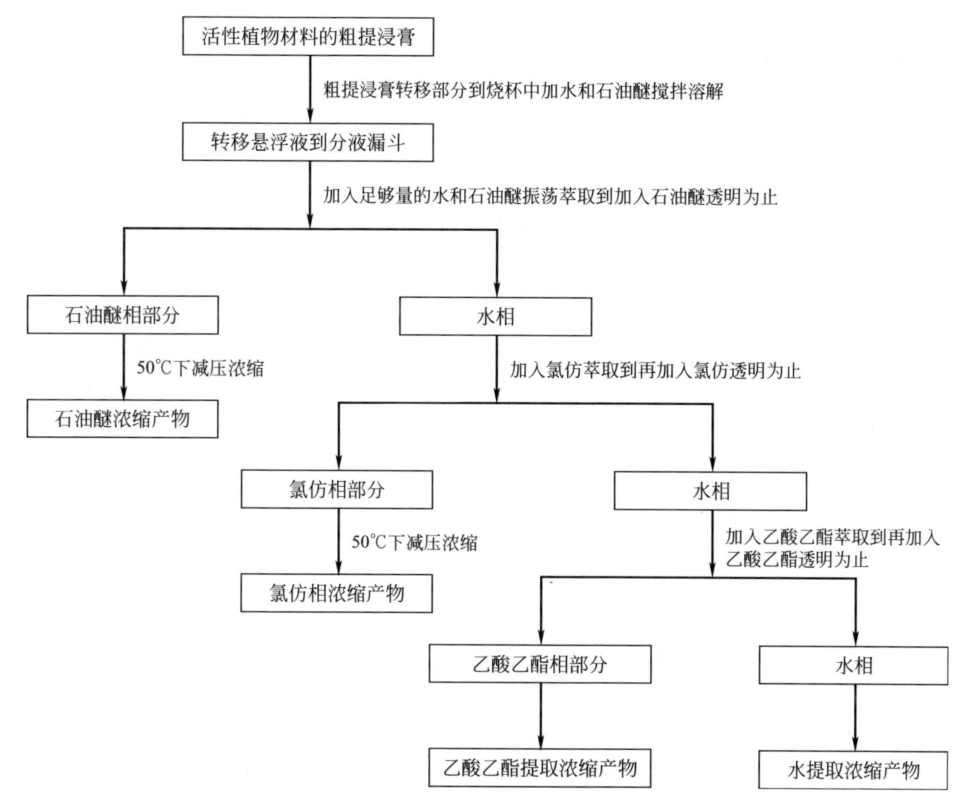

图 3-1　活性植物材料的初步分离

三、化合物的分离纯化

1. 柱色谱分离

(1) 硅胶柱分离方法和步骤

① 确定洗脱系统　在进行硅胶柱色谱分离（CC）之前，把粗提物溶解，用 GF_{254} 薄层色谱硅胶板（thin layer chromatography，TLC）检测，确定洗脱系统。

② 拌样　试验中拌样选择的为 60～100 目硅胶，使样品充分被硅胶吸附，水浴加热研磨，待溶剂完全挥发后，封口袋密封置于冰箱待分离（以最少的硅胶量把所要分离的样品完全吸附，完全吸附后又能保持拌好样品之间没有黏附，颗颗硅胶保持干爽的状态）。

③ 选色谱柱　根据所拌样品量的多少，选择合适长短粗细的色谱柱，以便使色谱柱装好色谱用填料和所拌分离样品后能够达到理想分离效果，所选色

谱柱的粗细决定了样品在色谱柱中的厚度、色谱柱所装分离材料的高度也和分离效果、色谱柱的流速等都是有关系的。

④ 装柱

a. 湿法装柱　先加入装柱用有机溶剂，赶出气泡，根据分离化合物的复杂程度，加入色谱柱相对应高度的硅胶，混配均匀。

b. 干法装柱　预先装入硅胶压实，加入所拌样品，洗脱。

无论是干法装柱还是湿法装柱，在装好色谱柱后，都要从色谱柱上端加入洗脱液进行洗脱，洗脱采用梯度洗脱的方式（也就是逐步增加溶剂的极性）。在分离下来的化合物的量比较少时，可根据色谱柱流分的薄层色谱硅胶板（TLC）的检验，决定配比溶剂极性的大小，直接加入所需配比极性的溶剂，分离目标化合物。

⑤ 流分处理　定量接取流分，减压旋转蒸发浓缩，转移出浓缩物，按顺序编号，蒸发出溶剂冷凝回收重复利用。

⑥ 显色检验　将柱色谱所得流分用 GF_{254} 板展开，依次用紫外（365nm 和 254nm）、碘显色、10％硫酸乙醇检测后合并。

硫酸和碘显色方法如下：a. 硫酸显色液配制：将无水乙醇稀释至 95％，加浓硫酸稀释到 10％即可。b. 硫酸显色方法：将展开的 GF_{254} 板在配好的硫酸显色液中浸蘸，完全浸润，而后在电炉上烘烤碳化硅胶板上化合物，即显示出展开化合物样点。c. 碘显色方法：将碘颗粒铺满标本缸底部，上面平铺一层纱布，把展开后要显色的 GF_{254} 硅胶板倾斜竖立在纱布上，静置直至碘蒸气布满标本缸，硅胶板会显出化合物样点。d. 紫外显色方法：将展开完全的 GF_{254} 硅胶板置于紫外仪的暗箱中，分别打开 365nm 和 254nm 波长的紫外光，观察在两个波长中分别显色的样点，可以在记录本上通过描绘的方法记录，也可以通过暗箱上的拍摄孔拍照记录。

检测硅胶板，展开后同样的点就要合并，以进行下一步的分离工作，直到分离到纯的化合物为止。

（2）凝胶柱色谱分离方法　对正向硅胶柱难以分开、成分又比较简单的流分，采用凝胶柱色谱进行分离，凝胶柱都是预装柱，本研究采用葡聚糖凝胶材料 Sephadex LH-20，柱长 150cm，直径 1cm，每次分离样品不超过 100mg。实验材料溶解性好，易溶解于丙酮和甲醇，所以根据实验情况选择使用丙酮装柱凝胶或甲醇装柱凝胶。甲醇装柱凝胶和丙酮装柱凝胶分别对应的样品用尽量少的甲醇或丙酮溶解，上样后以甲醇或丙酮作流动相冲洗，7～8mL 小瓶定量接取流分，逐瓶点板检查，分别以不同极性比例展开剂展开，依次经荧光检验、碘显色和 10％浓硫酸乙醇液显色，仅为一圆斑者可供生测和结构鉴定。

（3）分配柱色谱-反向分离　与正向色谱柱（硅胶柱色谱）类似，采用湿法装柱，只是填料改为十八烷基硅醚（Developsit ODS C18）。每次分离样品不超过200mg，样品以少量甲醇完全溶解后上样。洗脱系统根据化合物极性大小，以甲醇与水按一定比例配成。经甲醇冲洗1.5～2h后，按设计的洗脱系统（也就是相对应甲醇和水的比例）平衡200mL，开始上样，以20mL三角瓶顺序接取流分，然后每瓶分别减压浓缩，点样检验，合并相同流分，分别以不同极性比例展开剂展开，依次经荧光检验、碘显色和10%浓硫酸乙醇液浸湿、电炉烘烤显色。仅为单纯一点者，供结构鉴定和生测，否则将反复反相柱色谱，或通过正向硅胶柱、凝胶柱色谱等方法分离提纯。

值得强调的是，反相分离的分配柱色谱的洗脱系统选用反相材料的薄层色谱分离板，正向分离柱色谱的洗脱系统选择正向的硅胶板检测。

2. 薄层色谱硅胶板制备分离

在纯化样品时使用，也叫制备薄层色谱分离。对于通过色谱柱和其他方法仍不能分离的样品，可通过硅胶薄层制备的方法加以纯化。

铺板方法为，将羧甲基纤维素钠和蒸馏水加热配成质量分数为0.12～0.15的溶液，将薄层色谱硅胶加入溶液中（通常制备用薄层色谱硅胶都是含有荧光显色的），充分搅拌混匀，把混合物倒在玻璃板（10cm×20cm）上，双手倾斜震动，铺好的薄层板应先置于水平台上阴干，再在105～110℃下活化1～2h，冷却后，保存于干燥箱中备用。采用同样的制作方法，制作测试检验型薄层色谱硅胶板，采用废弃的GF_{254}硅胶板，刮去上面残余的硅胶，只留下面的玻璃板，洗净晾干，铺板方法和步骤同上面制备用硅胶板的制作。

根据化合物性质选择合适的展开剂、展开系统和显色剂。按常规方法在预制板上点样（需要强调的是制备用硅胶板的点样，要在硅胶板下缘以上大约1cm的位置，用铅笔划一条直线，沿直线把溶解的样品用一毛细管尽可能地点在基线上，样品也完全呈现一条连续的直线）、展缸中放入展开系统（合适极性的溶剂配比）展开、显色（制备用显色方法，一般选择紫外显色，对样品没有破坏）。充分展开后，只对其中的一个点显色，以确定各点的R_f值和具体位置，将相同位置的硅胶刮下，甲醇洗脱、漏斗加滤纸过滤，浓缩，检验。

四、化合物的结构鉴定方法

核磁共振谱（NMR）：核磁共振氢谱（^{1}H-NMR）、核磁共振碳谱（^{13}C-NMR）、无畸变激化转移增益谱（DEPT）。二维谱全部用Bruker AV-600型超导核磁共振仪测定，以氘代氯仿（$CDCl_3$）、丙酮（Me_2CO-d_6）、二甲基亚砜（DMSO-d_6）、甲醇（CD_3OD）等溶剂溶解，四甲基硅烷（TMS）为内标。

质谱（MS）：大气压化学电离源质谱（APCIMS）用 APIQSTAR 质谱仪测定。

根据 MS 图谱分析判断出化合物的分子量，由 ^{1}H-NMR 和 ^{13}C-NMR 图谱推测 C、H 原子数及相关的基团、位置，结合二者的情况推测出化合物结构，然后通过比对文献，鉴定出化合物结构，并对波谱数据进行归属。

参 考 文 献

[1] 王俊儒. 天然产物提取分离与鉴定技术［M］. 杨凌：西北农林科技大学出版社，2006.

[2] 汪茂田，谢培山，王忠东，等. 天然有机化合物提取分离与结构鉴定［M］. 北京：化学工业出版社，2004.

[3] 徐任生，赵维民，叶阳，等. 天然产物活性成分分离［M］. 北京：科学出版社，2016.

[4] 宁永成. 有机化合物结构鉴定与有机波谱学［M］. 第 2 版. 北京：科学出版社，2000.

化合物的分离鉴定

第一节 化合物分离

一、甲醇提取物的萃取

山药植物材料粉碎后总质量为58.25kg，提取浸膏为8.93kg，其中石油醚萃取物1.75kg，氯仿萃取物415.33g，乙酸乙酯萃取物138.00g，其余都为水萃取提取物。活性部分石油醚萃取物的提取率可以达到15.34%。

二、石油醚萃取物的分离

通过石油醚与丙酮、石油醚与乙酸乙酯极性配比作为洗脱溶剂，100～200目硅胶吸附剂对要分离的石油醚萃取物进行初步分离，把石油醚萃取物材料分为几个极性段，然后再进行进一步细的分离，200～300目硅胶作为细分吸附剂，60～100目硅胶用作拌样硅胶。在柱色谱分离过程中，同时用薄层色谱硅胶板（TLC）检验，在成分只有2～5个点的情况下，可以选择sephadex LH-20凝胶进行柱色谱分离。在石油醚萃取物分离过程中主要使用丙酮溶胀凝胶进行分离，最终分离到了5个化合物，具体分离结果如图4-1所示。

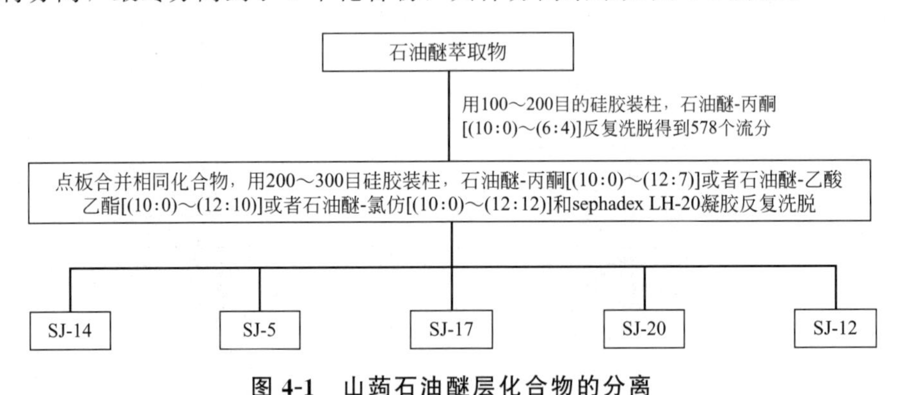

图4-1 山药石油醚层化合物的分离

经本章第二节鉴定，SJ-14为化合物*N*-异丁基-反-2-反-4-癸二烯酰胺（*N*-isobutyldeca-*trans*-2-*trans*-4-dienamide），SJ-5为化合物马兜铃内酰胺BⅢ（aristololactam BⅢ），SJ-17为化合物巴豆环氧素（crotepoxide），SJ-20为化合物山药素（hancinone），SJ-12为化合物chingchengenamide A。

三、氯仿萃取物的分离

通过石油醚与氯仿、石油醚与乙酸乙酯、氯仿与甲醇、丙酮与甲醇极性配比作为洗脱溶剂，100～200 目的硅胶作为吸附剂，选择合适的色谱柱，对要分离的氯仿萃取物进行初步分离，薄层硅胶板检验合并得到 4 个极性段。对每个极性段分别采用 100～200 目硅胶吸附剂，选择合适色谱柱，进行次级分离，此时每个极性段的流分化合物成分已经比较简单，可以采用 200～300 目硅胶进行细的分离，或者采用高效制备液相色谱，或者用薄层色谱板检验，显示只有 2～5 个点的情况下，采用丙酮溶胀和装柱的 sephadex LH-20 凝胶进行分离，也可采用甲醇溶胀和装柱的 sephadex LH-20 凝胶进行分离，或者甲醇-氯仿（7∶3）装柱的 sephadex LH-20 凝胶进行分离，制备高效液相色谱，最终分离到了 12 个化合物，如图 4-2 和图 4-3 所示。

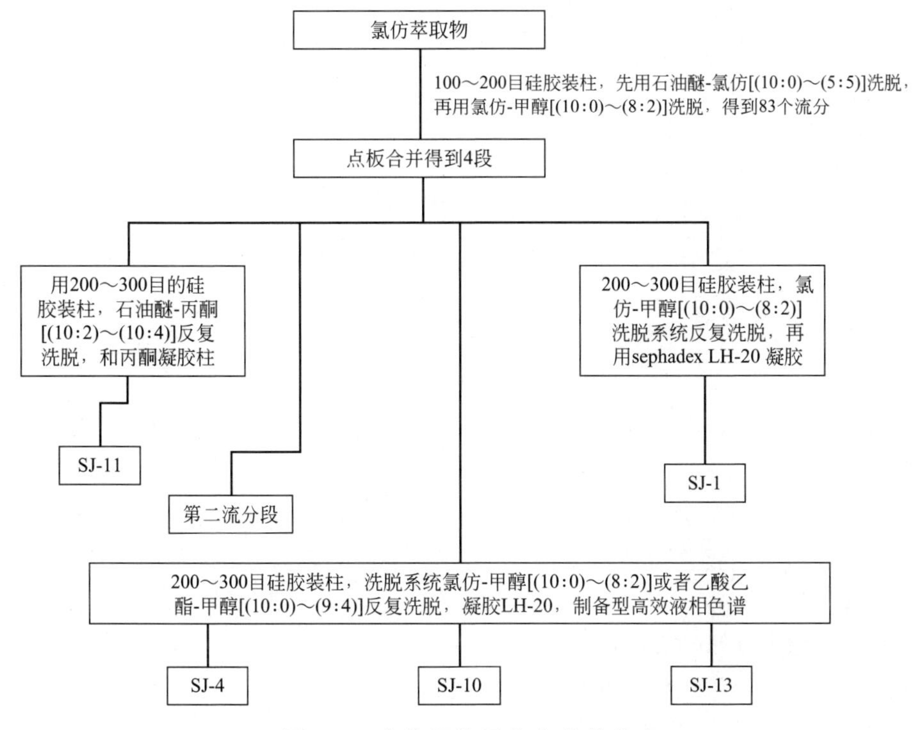

图 4-2　山药氯仿层化合物的分离

经本章第二节鉴定，SJ-1 为化合物马兜铃内酰胺 AⅢa（aristaloctam AⅢa），SJ-4 为化合物哥纳香内酰胺（goniothalactam）（SJ-4），SJ-10 为化合物 *N*-*p*-香豆酰酪胺（*N*-*p*-coumaroyltyramine），SJ-11 为化合物假荜拨酰

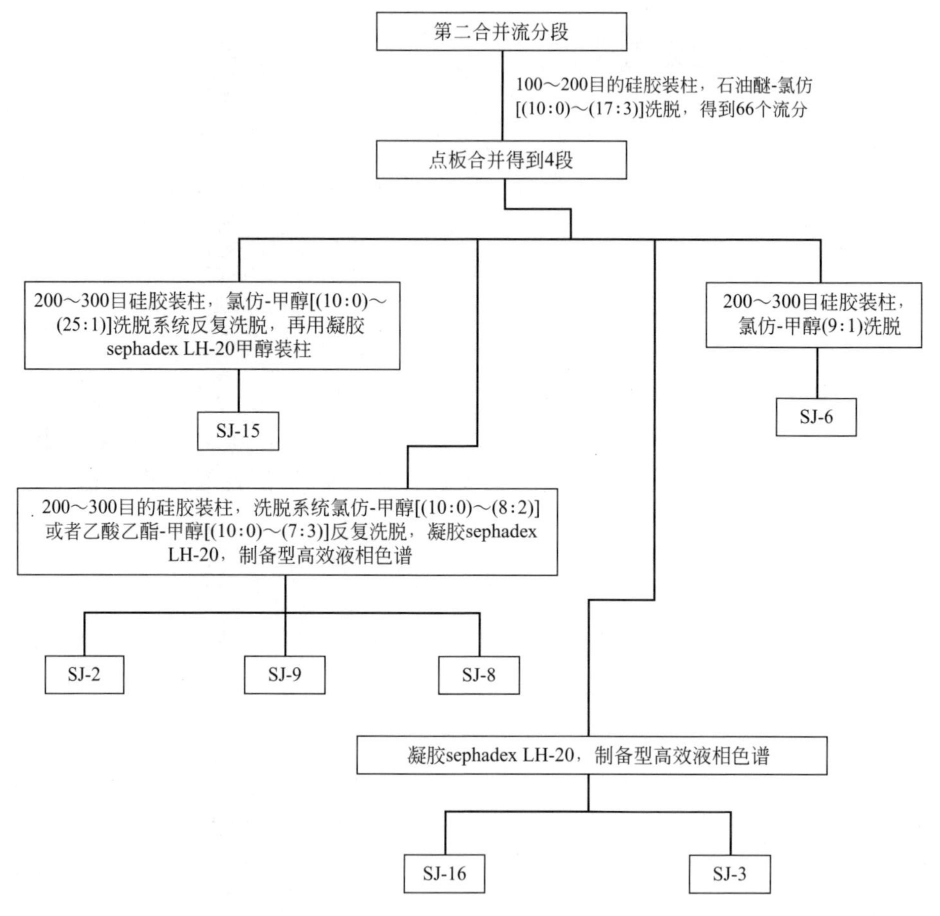

图 4-3　第二合并流分段的分离

胺 A（retrofractamide A），SJ-13 为化合物 *N*-反-阿魏酰酪胺（*N-trans*-feruloyltyramine）。

经本章第二节鉴定，SJ-2 为化合物马兜铃内酰胺Ⅱ（aristololactam Ⅱ），SJ-3 为化合物马兜铃内酰胺 BⅡ（aristololactam BⅡ），SJ-6 为化合物马兜铃内酰胺 AⅡ（aristololactam AⅡ），SJ-8 为化合物异东莨菪素（isoscopoletin），SJ-9 为化合物肉桂酸（phenylacrylic acid），SJ-15 为化合物荜茇宁（piperlonguminine），SJ-16 为化合物马兜铃内酰胺 AⅢ（aristololactam AⅢ）。

四、乙酸乙酯萃取物的分离

乙酸乙酯萃取物主要是一些溶解度不高的化合物，乙酸乙酯萃取物分段主要采用 100～200 目的硅胶装柱，洗脱溶剂采用氯仿-甲醇的洗脱系统，最终得到 45 个流分，薄层色谱硅胶板（TLC）检测，合并得到两个流分段。再采用 200～300 目的硅胶细分，同时用甲醇装柱凝胶 sephadex LH-20，最终得到三个化合物，如图 4-4 所示。

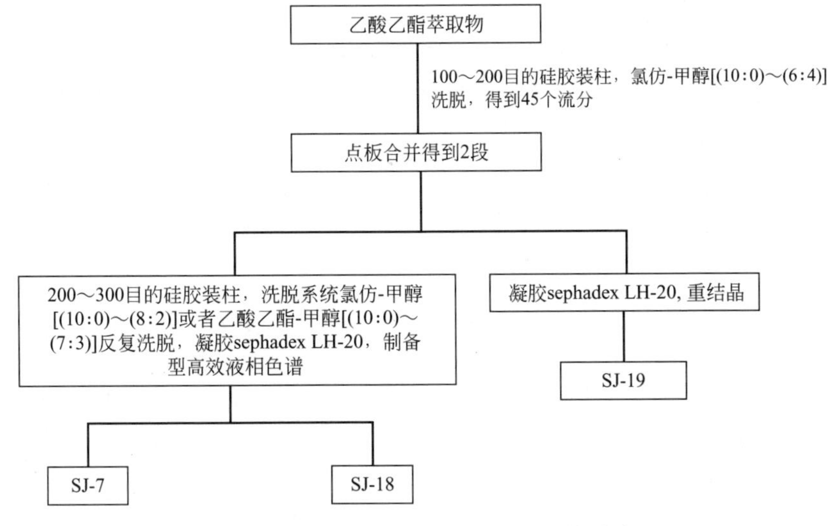

图 4-4　山药乙酸乙酯层化合物的分离

经本章第二节鉴定，SJ-7 为化合物 4-羟基-3,5-二甲氧基苯甲酸（4-hydroxy-3,5-dimethoxy benzoic acid），SJ-18 为化合物 icariside D2，SJ-19 为化合物 darendoside A。

第二节　化合物的结构鉴定

一、马兜铃内酰胺 AⅢa

黄色粉末状晶体(丙酮)，mp 240～242℃，生物碱显色剂显色。ESI-MS m/z：282[M+H]$^+$，304[M+Na]$^+$，280[M−H]$^-$，316[M+Cl]$^-$，化合物的 MS 给出分子离子峰 281，结合其^{13}C-NMR 和^{1}H-NMR 确定化合物分子式为 $C_{16}H_{11}NO_4$，不饱和度 Ω=12。^{13}C-NMR DEPT 谱给出 10 个季碳、5 个叔碳和 1 个伯碳，共 16 个碳信号，δ168.2 为酰胺羟基信号提示，δ60.4 显示一个甲氧基信号，δ156.8、153.2、151.1、133.5、131.2、129.6、129.4、124.6、123.0、121.7、117.9、114.5、113.1、106.9 为 14 个芳碳信号。^{1}H-

NMR(600MHz，MeOD)和^{13}C-NMR(600MHz，MeOD)数据如表4-1所示，化学结构式如图4-5所示，数据与Horacio、朱义香等、赵云等文献报道一致，故鉴定为马兜铃内酰胺AⅢa。

表4-1　马兜铃内酰胺AⅢa的^{1}H-NMR和^{13}C-NMR

位置	δ_C	δ_H
1	123.0	
2	117.9	7.61(1H,s)
3	151.1	8.63(1H,s)
4	153.2	2.14(3H,s)
4a	124.6	
4b	129.6	
5	106.9	7.10(1H,J=2.2Hz)
6	156.8	8.62(1H,s)
7	113.1	7.08(1H,dd,J=8.6Hz,2.4Hz)
8	131.2	7.08(1H,d,J=8.7Hz)
8a	129.4	
9	114.5	7.09(1H,s)
10	133.5	
10a	121.7	
11	171.6	
	60.4(CH_3)	10.72(1H,s,NH)

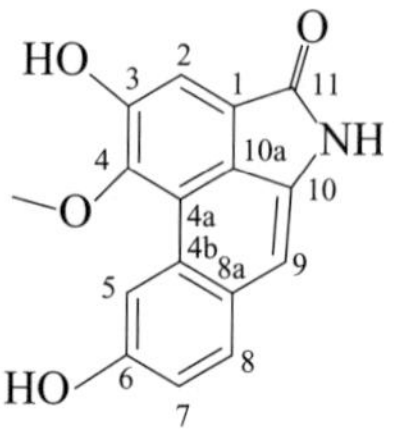

图4-5　马兜铃内酰胺AⅢa的化学结构式

二、马兜铃内酰胺Ⅱ

鲜黄色固体，mp 297℃。IR(KBr)ν_{max}(cm^{-1})：3150(NH)，2902，1686(—CON)，1420，1320，1203，1161，1042，1000，861，840，800，721。ESI-MS m/z：264[M+H]$^+$，286[M+Na]$^+$，262[M−H]$^-$。分子式：$C_{16}H_{11}NO_4$，波谱数据^{1}H-NMR(600MHz，MeOD)和^{13}C-NMR(600MHz，MeOD)

见表 4-2，与 Horacio 彭国平等文献报道一致，故鉴定为马兜铃内酰胺Ⅱ。化学结构式如图 4-6 所示。

表 4-2　马兜铃内酰胺Ⅱ的 ^{1}H-NMR 和 ^{13}C-NMR

位置	δ_C	δ_H
1	121.1	
2	105.9	7.56(1H,s)
3	148.0	
4	150.2	
4a	125.7	
4b	128.2	
5	122.4	8.63(1H,s)
6	127.7	7.52(1H,t,J=8Hz)
7	127.0	7.47(1H,t,J=8Hz)
8	129.3	7.81(1H,t,J=8Hz)
8a	135.8	
9	112.7	7.82(1H,s)
10	136.8	
		9.92(1H,s,CONH)
11	169.0(CO)	

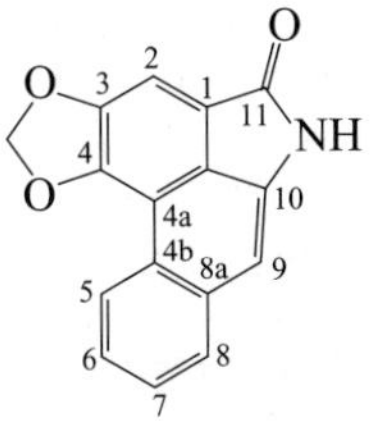

图 4-6　马兜铃内酰胺Ⅱ的化学结构式

三、马兜铃内酰胺 BⅡ

黄色针晶，分子式：$C_{16}H_{9}NO_{3}$，mp 240℃，溶于 DMSO、吡啶、丙酮，对生物碱试剂显色。ESI-MS m/z：280 $[M+H]^{+}$，302 $[M+Na]^{+}$，278 $[M-H]^{-}$。与 Horacio 和余冬蕾等的文献报道一致，故鉴定为马兜铃内酰胺Ⅱ。^{1}H-NMR 和 ^{13}C-NMR（Me_2CO）数据如表 4-3 所示，化学结构式如图 4-7 所示。

表 4-3　马兜铃内酰胺 BⅡ的[1]H-NMR 和[13]C-NMR

位置	δ_C	δ_H
1	122.7	
2	110.4	7.57(1H,s)
3	152.1	
4	155.6	
4a	122.7	
4b	127.5	
5	121.4	9.26(1H,dd,J=8.1Hz,1.7Hz)
6	126.3	7.54(1H,td,J=8.1Hz,1.7Hz)
7	125.0	7.15(1H,td,J=8.1Hz,1.7Hz)
8	128.3	7.90(1H,dd,J=8.1Hz,1.7Hz)
8a	129.8	
9	105.4	7.82(s)
10	136.2	
10a	121.5	
	60.5(CH_3O)	4.14(3H,t,OCH_3)
	57.4(CH_3O)	4.13(3H,t,OCH_3)
		9.73(1H,NH)
11	169.1(CO)	

图 4-7　马兜铃内酰胺 BⅡ的化学结构式

四、哥纳香内酰胺

浅黄色粉末，mp 257～259℃，分子式：$C_{17}H_{13}NO_4$。ESI-MS m/z：296 $[M+H]^+$，318$[M+Na]^+$，294$[M-H]^-$，330$[M+Cl]^-$。UV(EtOH)λ_{max}(nm)：236(4.58)，256(4.45)，262(4.48)，294(4.35)，320(4.21)，342(4.10)，400(3.90)。IR(KBr)ν_{max}(cm^{-1})：3394，3226，1651，1611，1503，1457，1408，1376，1308，1241，1059，1013，951，872。^{1}H-NMR 和 ^{13}C-NMR(Me_2CO)数据如表 4-4 所示，数据与 Cao、郑宗平的报道一致，故鉴定为哥纳香内酰胺，化学结构式如图 4-8 所示。

表 4-4　哥纳香内酰胺的^1H-NMR 和^{13}C-NMR

位置	δ_C	δ_H
1	121.1	
2	110.4	7.74(1H,s)
3	152.1	4.09(3H,s,OCH_3)
4	155.1	4.08(3H,s,OCH_3)
4a	122.6	
4b	129.1	
5	105.8	8.97(1H,d,J=2.4Hz)
6	156.4	9.77(1H,s,OH)
7	113.1	7.15(1H,dd,J=2.4Hz,8.7Hz)
8	130.8	7.79(1H,d,J=8.7Hz)
8a	128.8	
9	117.7	8.75(1H,s)
10	133.5	
10a	126.0	
	57.3,60.4(OMe)	10.70(1H,s,NH)
11	169.1(CO)	

图 4-8　哥纳香内酰胺的化学结构式

五、马兜铃内酰胺 BⅢ

黄色粉末，mp 200～201℃。UV λ_{max}(nm)：236，295，305，390。IR (KBr)ν_{max}(cm^{-1})：3150(—NH)，1680(C=O)。ESI-MS m/z：310[M+H]$^+$，332[M+Na]$^+$，348[M+K]$^+$，308[M−H]$^-$。数据与 Juan 一致，故鉴定为马兜铃内酰胺 BⅢ，^1H-NMR 和^{13}C-NMR(Me_2CO)如表 4-5 所示，分子式为 $C_{18}H_{15}NO_4$，化学结构式如图 4-9 所示。

表 4-5　马兜铃内酰胺 BⅢ的 ^{1}H-NMR 和 ^{13}C-NMR

位置	δ_C	δ_H
1	127.2	
2	110.5	7.54(1H,dd,J=8.8Hz,2.7Hz)
3	149.3	4.20(s,OCH_3)
4	151.2	4.28(s,OCH_3)
4a	127.3	
4b	129.5	
5	105.1	7.93(1H,d,J=2.7Hz)
6	158.3	4.05(s,OCH_3)
7	109.4	7.28(1H,s)
8	129.6	7.55(1H,d,J=8.8Hz)
8a	127.3	
9	112.1	7.56(1H,s)
10	136.3	
10a	126.1	
11	169.6(CO)	
	61.8(OCH_3)	9.30(1H,NH)
	63.1(OCH_3)	
	61.2(OCH_3)	

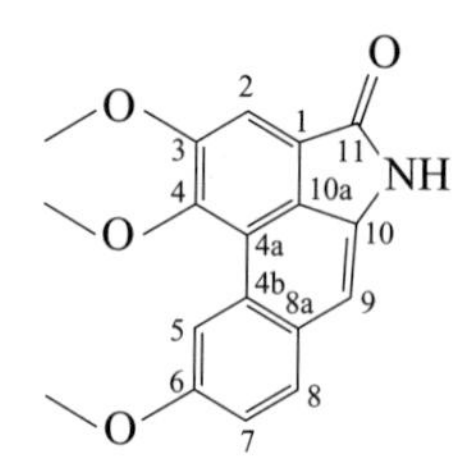

图 4-9　马兜铃内酰胺 BⅢ的化学结构式

六、马兜铃内酰胺 AⅡ

鲜黄色微针状结晶，溶于热乙醇，显强蓝色荧光。mp 260～262℃，UV (MeOH)λ_{max}[nm(logε)]：382(3.66)，364(3.68)，341(3.80)，327(3.79)，287(4.27)，277(4.33)，265(4.25)，209(4.54)；(+NaOAc)：385(3.69)，367(3.66)，307(4.04)，288(4.22)，278(4.19)，264(4.15)，212(4.60)；(+2NaOH)：398(4.03)，369(3.99)，307(4.36)，291(4.37)，220(4.68)。IR(KBr)ν_{max}(cm^{-1})：3425，1675(C═O)，1620，1500，1455，1415，1365，

1325，1290，1270，1230，1195，1120，1060，1035，890，875，835，735，690。ESI-MS m/z：266[M+H]$^+$，288[M+Na]$^+$，264[M-H]$^-$。分子式为 $C_{16}H_{11}NO_3$，经比对与 K. Ghosh 数据基本一致，^{1}H-NMR 和 ^{13}C- NMR (Me_2CO)数据如表 4-6 所示，经鉴定为马兜铃内酰胺 AⅡ。化学结构式如图 4-10 所示。

表 4-6 马兜铃内酰胺 AⅡ的^{1}H-NMR 和^{13}C-NMR

位置	δ_C	δ_H
1	125.8	
2	108.9	7.57(1H,s)
3	149.1	9.35(1H,s,OH)
4	150.1	4.13(3H,s,OMe)
4a	126.0	
4b	128.9	
5	115.7	7.92(1H,m)
6	128.0	7.55(1H,m)
7	127.6	7.17(1H,m)
8	129.5	7.77(1H,m)
8a	135.7	
9	105.3	7.58(1H,s)
10	136.3	
10a	117.8	
11	169.5(CO)	
	56.4(OMe)	9.69(1H,NH)

图 4-10 马兜铃内酰胺 AⅡ的化学结构式

七、4-羟基-3,5-二甲氧基苯甲酸

白色粉末，mp 162～164℃(Me_2CO)。IR(KBr)ν_{max}(cm^{-1})：3480(OH)，

3090，3000～2500(COOH)，1675(C ═O)，1595，1520，1470(Ar)，1430，1375。ESI-MS m/z：199$[M+H]^+$，221$[M+Na]^+$，237$[M+K]^+$，197$[M-H]^-$，233$[M+Cl]^-$。根据 NMR 数据结合质谱推定为 4-羟基-3,5-二甲氧基苯甲酸。分子式为 $C_9H_{10}O_5$，^{1}H-NMR 和^{13}C-NMR(MeOD)数据如表 4-7 所示，化学结构式如图 4-11 所示。

表 4-7　4-羟基-3,5-二甲氧基苯甲酸的^{1}H-NMR 和^{13}C-NMR

位置	δ_C	δ_H
1	121.8	
2	108.3	7.45(1H,s)
3	148.8	
4	141.7	
5	148.8	
6	108.3	7.45(1H,s)
	169.9(COOH)	
	56.4×2(OCH_3)	3.87(6H,s,3-OMe)

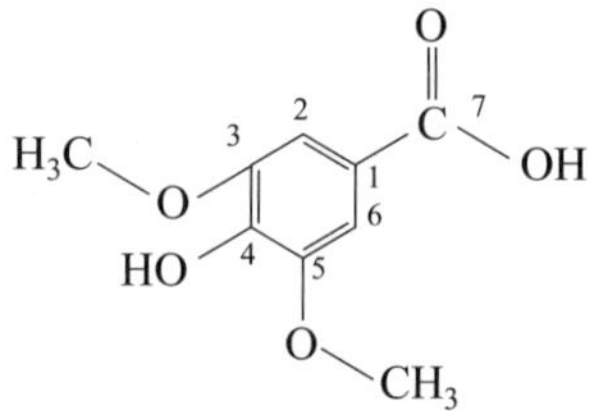

图 4-11　4-羟基-3,5-二甲氧基苯甲酸的化学结构式

八、异东莨菪素

浅黄色针晶($CHCl_3$-Me_2CO)，mp 205～206℃。UV(EtOH)λ_{max}(nm)：253，300，349。IR(KBr)ν_{max}(cm^{-1})：3321，1690，1600，1558，1510，1435，1280，1130。ESI-MS m/z：193$[M+H]^+$，215$[M+Na]^+$，230$[M+K]^+$，191$[M-H]^-$，227$[M+Cl]^-$。分子式为 $C_{10}H_8O_4$，其数据和向瑛、黄量、朱伟明、达娃卓玛的文献一致，故鉴定为异东莨菪素。^{1}H-NMR 和^{13}C-NMR数据如表 4-8 所示，结构式如图 4-12 所示。

表 4-8 异东莨菪素的[1]H-NMR 和[13]C-NMR

位置	δ_C	δ_H
1	56.7(OMe)	2.05(3H,s,OMe)
2	161.2	
3	109.9	6.16(1H,d,J=9.5Hz)
4	144.6	7.84(1H,d,J=9.5Hz)
5	113.2	7.19(1H,s)
6	145.9	
7	151.8	
8	103.7	6.79(1H,s)
9	151.1	
10	112.0	
		10.25(1H,s,OH)

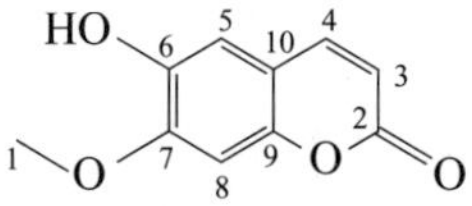

图 4-12 异东莨菪素的化学结构式

九、肉桂酸

白色柱状结晶，mp 136～138℃。ESI-MS m/z：149[M+H]$^+$，170[M+Na]$^+$，186[M+K]$^+$，147[M−H]$^-$。由^{1}H-NMR、^{13}C-NMR 推得分子式为 $C_9H_8O_2$，光谱显示它有一单取代苯环（^{13}C 谱 δ：126.7，114.6，118.6，121.2，115.1，122.6），一个—COOH(176.2)，一对反式不饱和 CH，^{1}H 谱 δ：6.271(H，d，J=17.6Hz)，7.621(H，d，J=17.6Hz)。光谱与标准品肉桂酸对照，二者完全一致，混合熔点不下降，故确定化合物为肉桂酸，化学结构式如图 4-13 所示。

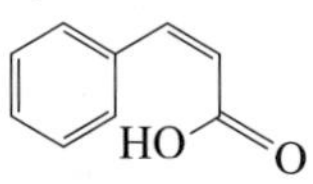

图 4-13 肉桂酸的化学结构式

十、N-p-香豆酰酪胺

白色粉末(甲醇)，mp 240～241℃，分子式 $C_{17}H_{17}NO_3$。ESI-MS m/z：284.3$[M+H]^+$，306.4$[M+Na]^+$，322.2$[M+K]^+$，282.3$[M-H]^-$。IR (KBr) ν_{max} (cm^{-1})：3433，3300，2940，1661，1602，1535，1574，1448，1382，1342，1241，1174，981，832，522。^{1}H-NMR(600MHz，Me_2CO-d_6)，δ：7.83(1H，t，J=5.4Hz，NH)，7.40(1H，d，J=15.6Hz，H-8′)，7.38(2H，d，J=8.4Hz，H-2′,6′)，7.02(2H，d，J=8.4Hz，H-3′,5′)，6.79(2H，d，J=8.4Hz，H-3,5)，6.70(2H，d，J=8.4Hz，H-2,6)，6.42(1H，d，J=15.6Hz，H-7′)，3.38～3.42(2H，m，H-8)，2.67(2H，t，J=7.2Hz，H-7)。^{13}C-NMR(150MHz，Me_2CO-d_6)，δ：167.7(C-9′)，159.6(C-4′)，156.1(C-4)，140.6(C-7′)，130.7(C-1)，130.3(C-2′,6′)，130.1(C-2,6)，127.0(C-1′)，118.6(C-8′)，116.4(C-3,5)，115.9(C-3′,5′)，41.7(C-8)，35.0(C-7)。^{1}H-NMR 和 ^{13}C-NMR(Me_2CO)波谱数据如表 4-9 所示，与 Zhou、王明安、高广春、Attaur Rahman 数据一致，故鉴定为 *N-p*-香豆酰酪胺，结构式如图 4-14 所示。

表 4-9 化合物 N-p-香豆酰酪胺的^{1}H-NMR 和^{13}C-NMR

位置	δ_C	δ_H
1	130.7	
2	130.1	6.70(1H,d,J=8.4Hz)
3	116.4	6.79(1H,d,J=8.4Hz)
4	156.1	
5	116.4	6.79(1H,d,J=8.4Hz)
6	130.1	6.70(1H,d,J=8.4Hz)
7	35.0	2.67(2H,t,J=7.2Hz)
8	41.7	3.38～3.42(2H,m,J=7.0Hz,5.5Hz)
1′	127.0	
2′	130.3	7.38(1H,d,J=8.4Hz)
3′	115.9	7.02(1H,d,J=8.4Hz)
4′	159.6	
5′	115.9	7.02(1H,d,J=8.4Hz)
6′	130.3	7.38(1H,d,J=8.4Hz)
7′	140.6	6.42(1H,d,J=15.6Hz)
8′	118.6	7.40(1H,d,J=15.6Hz)
9′	167.7	

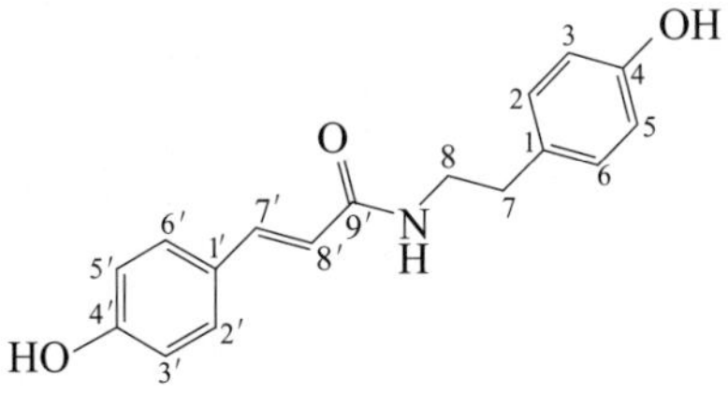

图 4-14 N-p-香豆酰酪胺的化学结构式

十一、假荜拔酰胺 A

白色针状晶体(丙酮)，mp 127～128℃，分子式为 $C_{20}H_{25}NO_3$。ESI-MS m/z：328.6[M＋H]$^+$，350.1[M＋Na]$^+$，366.1[M＋K]$^+$，326.5[M－H]$^-$。IR(KBr)ν_{max}(cm^{-1})：3350，1680，1605，1580，1282，1045。^{1}H-NMR (600MHz，Me_2CO-d_6)：δ7.11(1H，dd，J＝15.0Hz，10.8Hz，H-3)，6.97 (1H，br. s，H-2″)，6.81(1H，d，J＝7.8Hz，H-6″)，6.76(1H，d，J＝7.8Hz，H-5″)，6.38(1H，d，J＝14.4Hz，H-9)，6.24(1H，dd，J＝15.0Hz，12.8Hz，H-4)，6.16(1H，m，H-8)，6.10(1H，m，H-5)，5.98 (1H，d，J＝15.0Hz，H-2)，5.97(2H，s，OCH_2O)，3.17(2H，t，J＝6.6Hz，H-1′)，2.32(6H，m，H-6,7)，1.76～1.78(1H，m，H-2′)，0.89 (6H，d，J＝6.6Hz，H-3′,4′)。^{13}C-NMR(150MHz，Me_2CO-d_6)：δ166.3 (C-1)，149.0(C-3″)，147.7(C-4″)，141.3(C-3)，140.3(C-5)，133.2(C-9)，131.0(C-4)，130.1(C-1″)，128.6(C-8)，124.5(C-2)，121.3(C-6″)，108.9 (C-5″)，106.1(C-2″)，47.3(C-1′)，33.5(C-6)，30.1(C-2′)，30.0(C-7)，20.5(C-3′,4′)。^{1}H-NMR 和 ^{13}C-NMR(Me_2CO)数据如表 4-10 所示，与 Kiuchi、Banerji 数据一致，鉴定为假荜拔酰胺 A，化学结构式如图 4-15 所示。

表 4-10 假荜拔酰胺 A 的 ^{1}H-NMR 和 ^{13}C-NMR

位置	δ_C	δ_H
1	166.3	
2	124.5	5.98(1H,d,J＝15.0Hz)
3	141.3	7.11(1H,dd,J＝15.0Hz,10.8Hz)
4	131.0	6.24(1H,dd,J＝15.0Hz,12.8Hz)
5	140.3	6.10(1H,m)
6	33.5	2.32(3H,m)

续表

位置	δ_C	δ_H
7	30.0	2.32(3H,m)
8	128.6	6.16(1H,m)
9	133.2	6.38(1H,d,J=14.4Hz)
1″	130.1	
2″	106.1	6.97(1H,br. s)
3″	149.0	
4″	147.7	
5″	108.9	6.76(1H,d,J=7.8Hz)
6″	121.3	6.81(1H,d,J=7.8Hz)
1′	47.3	3.17(2H,t,J=6.6Hz)
2′	30.1	1.76～1.78(1H,m)
3′	20.5	0.89(3H,d,J=6.6Hz)
4′	20.5	0.89(3H,d,J=6.6Hz)
	101.9(OCH_2O)	5.97(2H,s,OCH_2)
		5.52(1H,br. s,NH)

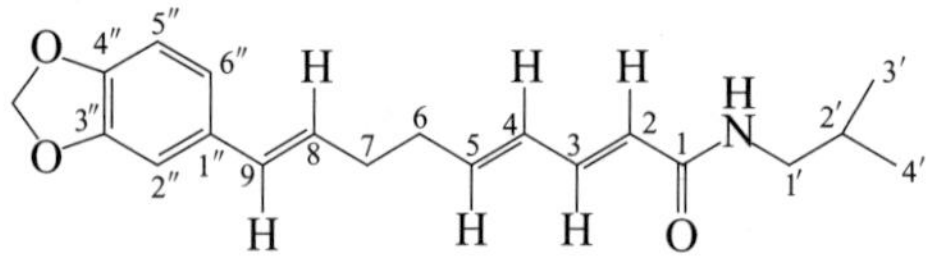

图 4-15　假荜拔酰胺 A 的化学结构式

十二、chingchengenamide A

浅黄色油状物(丙酮)，分子式为 $C_{18}H_{23}NO_3$。IR(KBr)ν_{max}(cm^{-1})：3295，1659，1625，995。ESI-MS m/z：302.2$[M+H]^+$，324.1$[M+Na]^+$，340.2$[M+K]^+$。^{1}H-NMR(600MHz，Me_3CO-d_6)：δ7.53(1H，dd，J=15.6Hz，7.8Hz，H-3)，6.97(1H，d，J=1.2Hz，H-2″)，6.81(1H，dd，J=8.4Hz，1.2Hz，H-6″)，6.76(1H，d，J=7.4Hz，H-5″)，6.38(1H，d，J=15.6Hz，H-4)，6.15(1H，m，H-5)，6.00(1H，d，J=15.6Hz，H-2)，5.96(2H，s，OCH_2O)，3.06(2H，t，J=6.0Hz，H-1′)，2.31～2.33(4H，m，H-6,7)，1.75～1.77(1H，m，H-2′)，0.88(6H，d，J=6.6Hz，H-3′，

4′)。^{13}C-NMR（150MHz，Me_2CO-d_6）：δ165.9（C-1），149.0（C-3″），147.8（C-4″），142.6（C-3），134.3（C-1″），131.0（C-5），128.5（C-4），125.9（C-2），121.3（C-6″），108.9（C-5″），106.1（C-2″），49.0（C-1′），47.3（C-7），32.5（C-6），29.4（C-2′），20.5（C-3′,4′）。数据如表 4-11 所示，与文献 Parmar 一致，故鉴定为 chingchengenamide A，结构式如图 4-16 所示。

表 4-11　chingchengenamide A 的^{1}H-NMR 和^{13}C-NMR

位置	δ_C	δ_H
1	165.9	5.52(1H,br. s,—NH)
2	125.9	6.00(1H,d,J=15.6Hz)
3	142.6	7.53(1H,dd,J=15.6Hz,7.8Hz)
4	128.5	6.38(1H,d,J=15.6Hz)
5	131.0	6.15(1H,m)
6	32.5	2.31(2H,m)
7	47.3	2.32(2H,t,J=7.0Hz)
1″	134.3	
2″	106.1	6.97(1H,d,J=1.2Hz)
3″	149.0	
4″	147.8	
5″	108.9	6.76(1H,d,J=7.4Hz)
6″	121.3	6.81(1H,dd,J=8.4Hz,1.2Hz)
1′	49.0	3.06(2H,t,J=6.0Hz)
2′	29.4	1.78(1H,m)
3′	20.5	0.88(3H,d,J=6.6Hz)
4′	20.5	0.88(3H,d,J=6.6Hz)
	101.9(OCH_2O)	5.96(2H,s,OCH_2O)

图 4-16　chingchengenamide A 的化学结构式

十三、N-反-阿魏酰酪胺

白色粉末（丙酮），分子式是 $C_{18}H_{19}NO_4$。IR（KBr）ν_{max}（cm^{-1}）：3345，1702，1651，1591，1515，1452，978，820。ESI-MS m/z：314.2 $[M+H]^+$，336.0 $[M+Na]^+$，312.2 $[M-H]^-$。^{1}H-NMR（600MHz，Me_2CO-d_6）：δ7.63（1H，t，J=5.4Hz，NH），7.51（1H，d，J=15.6Hz，H-

8′)，7.15（1H，br.s，H-2′），7.05（2H，d，$J=8.4$Hz，H-2,6），7.00（1H，d，$J=8.4$Hz，H-6′），6.85（1H，d，$J=8.4$Hz，H-5′），6.78（2H，d，$J=8.4$Hz，H-3,5），6.60（1H，d，$J=15.6$Hz，H-7′），3.81（3H，s，OCH_3），3.52～3.56（2H，m，H-8），2.77（2H，t，$J=7.2$Hz，H-7）。^{13}C-NMR（150MHz，Me_2CO-d_6）：δ167.5（C-9′），156.6（C-4），149.2（C-5′），148.6（C-4′），141.1（C-7′），130.6（C-1），130.4（C-2,6），127.8（C-3′），122.6（C-6′），119.3（C-2′），116.2（C-1′），116.1（C-3,5），111.3（C-8′），56.1（OCH_3），42.1（C-8），35.5（C-7）。^{1}H-NMR 和^{13}C-NMR（Me_2CO）数据如表 4-12 所示，与文献 Zhou 一致，故可推断为 *N*-反-阿魏酰酪胺，化学结构式如图 4-17 所示。

表 4-12　*N*-反-阿魏酰酪胺的^{1}H-NMR 和^{13}C-NMR

位置	δ_C	δ_H
1	130.6	
2	130.4	7.05(1H,d,$J=8.4$Hz)
3	116.1	6.78(1H,d,$J=8.4$Hz)
4	156.6	
5	116.1	6.78(1H,d,$J=8.4$Hz)
6	130.4	7.05(1H,d,$J=8.4$Hz)
7	35.5	2.77(2H,t,$J=7.2$Hz)
8	42.1	3.52～3.56(2H,m,$J=7.0$Hz,5.5Hz)
1′	116.2	
2′	119.3	7.15(1H,br.s)
3′	127.8	3.81(3H,s,OCH_3)
4′	148.6	
5′	149.2	6.85(1H,d,$J=8.4$Hz)
6′	122.6	7.00(1H,d,$J=8.4$Hz)
7′	141.1	6.60(1H,d,$J=15.6$Hz)
8′	111.3	7.51(1H,d,$J=15.6$Hz)
9′	167.5	
	56.1(OCH_3)	7.63(1H,t,$J=5.4$Hz,NH)

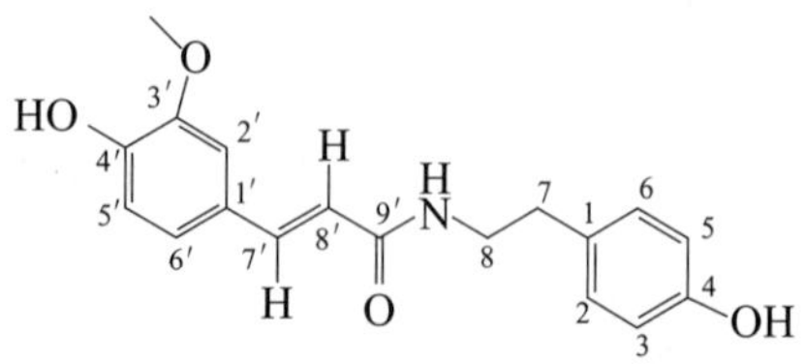

图 4-17　*N*-反-阿魏酰酪胺的化学结构式

十四、N-异丁基-反-2-反-4-癸二烯酰胺

白色片状结晶(丙酮)，mp 87.5～88.5℃，分子式为 $C_{14}H_{25}N$。ESI-MS m/z：224.2$[M+H]^+$。^{1}H-NMR(600MHz，Me_2CO-d_6)：δ7.10(1H，dd，J=15.0Hz，10.8Hz，H-3)，6.18(1H，dd，J=15.0Hz，10.8Hz，H-4)，6.06(1H，m，H-5)，5.96(1H，d，J=15.0Hz，H-2)，3.07(2H，dd，J=7.2Hz，6.6Hz，H-1′)，2.13～2.16(2H，m，H-6)，1.75～1.79(1H，m，H-2′)，1.41～1.44(2H，m，H-7)，1.28～1.32(4H，m，H-8,9)，0.88(3H，t，J=7.2Hz，H-10)，0.88(6H，d，J=6.6Hz，H-3′,4′)。^{13}C-NMR(150MHz，Me_2CO-d_6)：δ166.3(C-1)，142.3(C-3)，140.4(C-5)，129.7(C-4)，124.3(C-2)，47.3(C-1′)，33.5(C-8)，32.1(C-6)，30.1(C-7)，29.4(C-2′)，23.1(C-9)，20.5(C-3′,4′)，14.3(C-10)。^{1}H-NMR 和^{13}C-NMR(Me_2CO)数据如表 4-13 所示，与李书明、Burden、Banerji 的数据基本一致，故可鉴定为N-异丁基-反-2-反-4-癸二烯酰胺，结构式如图 4-18 所示。

表 4-13　N-异丁基-反-2-反-4-癸二烯酰胺的^{1}H-NMR 和^{13}C-NMR

位置	δ_C	δ_H
1	166.3(CO)	
2	124.3	5.96(1H,d,J=15.0Hz)
3	142.3	7.10(1H,dd,J=15.0Hz,10.8Hz)
4	129.7	6.18(1H,dd,J=15.0Hz,10.8Hz)
5	140.4	6.06(1H,m)
6	32.1	2.13～2.16(2H,m)
7	30.1	1.41～1.44(2H,m)
8	33.5	1.28～1.32(2H,m)
9	23.1	1.28～1.32(2H,m)
10	14.3	1.30(3H,t,J=7.2Hz)
1′	47.3	3.07(2H,dd,J=7.2Hz,6.6Hz)
2′	29.4	1.75～1.79(1H,m)
3′	20.5	0.88(3H,d,J=6.6Hz)
4′	20.5	0.88(3H,d,J=6.6Hz)
		7.12(1H,br. s,NH)

图 4-18　N-异丁基-反-2-反-4-癸二烯酰胺的化学结构式

十五、荜茇宁

白色结晶（丙酮），分子式为 $C_{16}H_{19}NO_3$。ESI-MS m/z：273.2 $[M+H]^+$，296.2 $[M+Na]^+$，272.2 $[M-H]^-$，308.1 $[M+Cl]^-$。^{1}H-NMR（600MHz，Me_2CO-d_6）：δ7.22～7.28（1H，m，H-9），7.11（1H，br. s，H-2），6.98（1H，d，J=7.8Hz，H-6），6.82～6.86（1H，m，H-8），6.83（1H，d，J=7.8Hz，H-5），6.80（1H，d，J=15.6Hz，H-7），6.15（1H，d，J=15.0Hz，H-10），6.02（2H，s，OCH_2O），3.10（2H，t，J=6.6Hz，H-1′）1.77～1.82（1H，m，H-2′），0.90（6H，d，J=6.6Hz，H-3′,4′）。^{13}C-NMR（150MHz，Me_2CO-d_6）：δ166.2（C-11），149.3（C-3），149.1（C-4），140.4（C-9），138.6（C-7），132.2（C-1），126.2（C-8），125.7（C-10），123.3（C-6），109.2（C-5），106.4（C-2），102.3（OCH_2O），47.4（C-1′），29.0（C-2′），20.5（C-3′,4′）。^{1}H-NMR 和 ^{13}C-NMR 波谱数据（Me_2CO）如表 4-14 所示，与 Rodrigues 的数据比对，完全一致，故可以鉴定为荜茇宁，化学结构式如图 4-19 所示。

表 4-14　荜茇宁的 ^{1}H-NMR 和 ^{13}C-NMR

位置	δ_C	δ_H
1	132.2	
2	106.4	7.11(1H,br. s)
3	149.3	
4	149.1	
5	109.2	6.83(1H,d,J=7.8Hz)
6	123.3	6.98(1H,d,J=7.8Hz)
7	138.6	6.80(1H,d,J=15.6Hz)
8	126.2	6.82～6.86(1H,m)
9	140.4	7.22～7.28(1H,m)
10	125.7	6.15(1H,d,J=15.0Hz)
11	166.2	
1′	47.4	3.10(2H,t,J=6.6Hz)
2′	29.0	1.77～1.82(1H,m)
3′	20.5	0.90(3H,d,J=6.6Hz)
4′	20.5	0.90(3H,d,J=6.6Hz)
	102.3	6.02(2H,s,OCH_2O)

图 4-19　荜茇宁的化学结构式

十六、马兜铃内酰胺 AⅢ

ESI-MS m/z：296[M+H]$^+$，318[M+Na]$^+$，334[M+K]$^+$，294[M−H]$^+$。分子式为 $C_{17}H_{13}NO_4$，^{1}H-NMR 和^{13}C-NMR(Me_2CO)数据如表 4-15 所示，经比对与 Wu 的数据基本一致，故可以鉴定为马兜铃内酰胺，化学结构式如图 4-20 所示。

表 4-15　马兜铃内酰胺 AⅢ 的^{1}H-NMR 和^{13}C-NMR

位置	δ_C	δ_H
1	125.2	
2	112.1	7.27(1H,s)
3	146.3	9.67(1H,s,OH)
4	152.8	4.50(MeO)
4a	125.1	
4b	127.4	
5	105.3	9.31(1H,d)
6	158.3	3.97(MeO)
7	109.4	6.50(1H,dd)
8	128.7	7.54(1H,d)
8a	126.3	
9	112.1	7.91(1H,s)
10	136.3	
10a	123.9	
11	168.3	9.67(1H,s,NH)

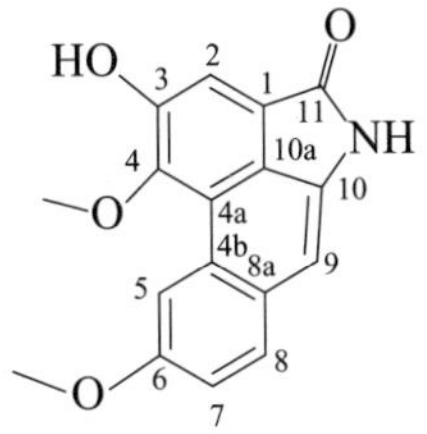

图 4-20　马兜铃内酰胺 AⅢ 的化学结构式

十七、巴豆环氧素

白色针晶($CHCl_3$)，mp 150～151℃。ESI-MS m/z：363[M+H]$^+$，385[M+Na]$^+$，401[M+K]$^+$，361[M−H]$^-$。UV λ_{max}[nm(ε)]：276.7(1955)，

281（1882）。IR（KBr）ν_{max}（cm^{-1}）：1766，1752，1735，720。分子式为 $C_{18}H_{18}O_8$，^1H-NMR 和 ^{13}C-NMR（$CDCl_3$）波谱数据如表 4-16 所示，经比对与陈泽乃、李书明、Kupchan 数据一致，故可以鉴定为巴豆环氧素，化学结构式如图 4-21 所示。

表 4-16　巴豆环氧素的 ^1H-NMR 和 ^{13}C-NMR

位置	δ_C	δ_H
1	60.9	
2	70.7	5.71(1H,d,J=9Hz)
3	62.9	4.97(1H,dd,J=1.5Hz,9.0Hz)
4	23.2	3.10(1H,dd,J=4.0Hz,5.0Hz)
5	53.4	3.45(1H,dd,J=2.7Hz,4.0Hz)
6	71.3	
7	170.3	
8	20.9	2.03(3H,s,$COCH_3$)
1′	130.4	
2′	130.3	8.05(1H,dd,J=7.5Hz,8.7Hz)
3′	129.4	7.46(1H,dd,J=8.7Hz,1.2Hz)
4′	134.2	7.59(1H,t,J=7.5Hz)
5′	129.4	7.46(1H,dd,J=7.5Hz,8.7Hz)
6′	130.3	8.05(H,dd,J=8.7Hz,1.2Hz)
7′	166.0	4.23(1H,d,J=12Hz,OCH_2)
8′	54.3	4.56(1H,d,J=12Hz,OCH_2)

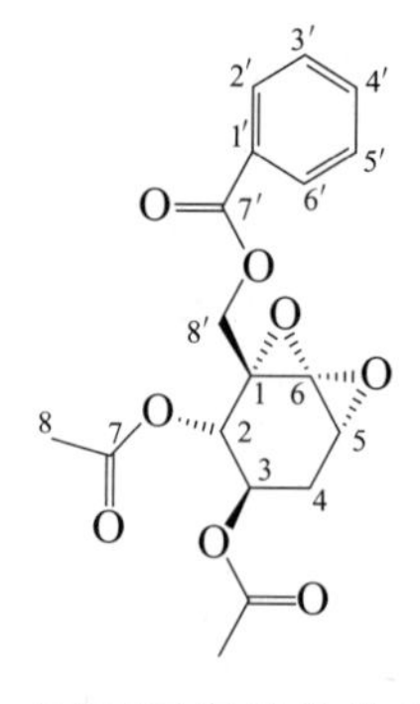

图 4-21　巴豆环氧素的化学结构式

十八、icariside D2

淡黄色油状物，分子式 $C_{14}C_{20}O_7$，分子量为 300。ESI-MS m/z：323 [M+Na]$^+$。^{1}H-NMR 和^{13}C-NMR（Me_2CO）波谱数据如表 4-17 所示，经比对与吴彤等、Miyase 的数据一致，故可鉴定为 icariside D2，化学结构式如图 4-22 所示。

表 4-17　icariside D2 的^{1}H-NMR 和^{13}C-NMR

位置	δ_C	δ_H
1	132.3	
2	130.5	7.22(1H,d,J=8.4Hz)
3	117.5	7.01(1H,d,J=8.4Hz)
4	157.6	
5	117.5	7.01(1H,d,J=8.4Hz)
6	130.5	7.22(1H,d,J=8.4Hz)
7	33.0	2.80(2H,t,J=7.2Hz)
8	64.3	3.70(2H,t,J=7.2Hz)
1′	101.6	5.12(1H,d,J=7.2Hz)
2′	74.7	3.89(1H,d)
3′	77.1	3.48(1H,d)
4′	71.5	
5′	79.6	
6′	61.5	

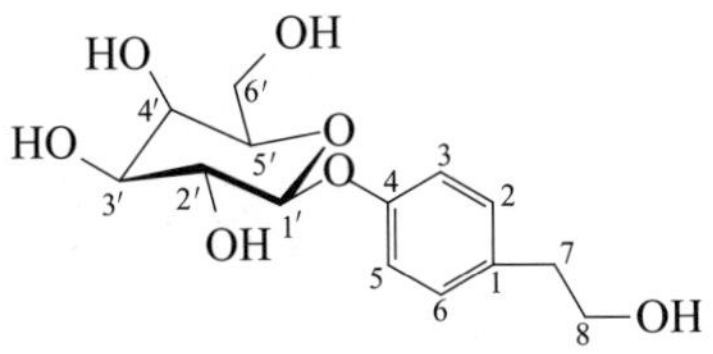

图 4-22　icariside D2 的化学结构式

十九、darendoside A

白色粉末，易溶于 DMSO。ESI-MS m/z：433 [M+H]$^+$。^{1}H-NMR 和^{13}C-NMR（DMSO-d_6）波谱数据如表 4-18 所示，经比对与郑晓珂、Calis 数据一致，故可鉴定为 darendoside A，化学结构式如图 4-23 所示。

表 4-18 darendoside A 的 ^{1}H-NMR 和 ^{13}C-NMR

位置	δ_C	δ_H
1	156.3	
2	116.3	6.98 (2H,d,J=8.4Hz)
3	129.6	7.18 (1H,d,J=8.4Hz)
4	129.8	
5	129.6	7.18 (1H,d,J=8.4Hz)
6	116.3	6.98 (2H,d,J=8.4Hz)
7	31.7	2.8 (2H,t,J=7.6Hz)
8	71.7	4.02 (1H,m),3.66 (1H,m)
1′	100.1	5.38 (1H,d,J=7.6Hz)
2′	73.5	
3′	78.7	
4′	75.7	
5′	75.8	
6′	62.8	
1″	108.9	5.12 (1H,J=2Hz)
2″	78.0	
3″	80.7	
4″	74.8	
5″	59.7	

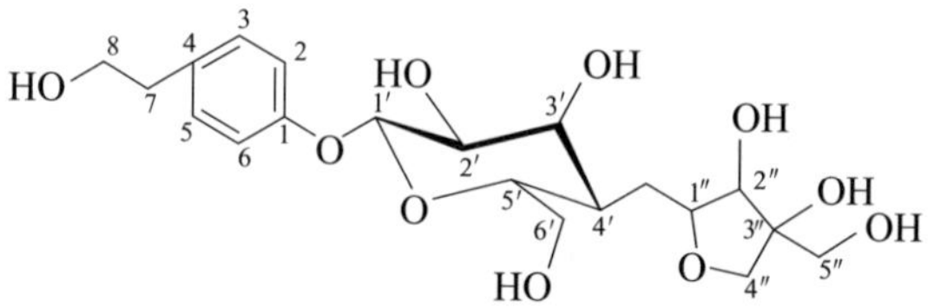

图 4-23 darendoside A 的化学结构式

二十、山蒟素

无色片状结晶（乙醚），mp 79～80℃；$[\alpha]_D^{15}$ +30.1（c 0.0133，$CHCl_3$）。UV（EtOH）λ_{max}[nm(ε)]：237.5(12729)，291.5 (6106)，311.5 (sh.)。IR (KBr)ν_{max}(cm^{-1})：1671.4，1649，1627。MS m/z(相对丰度/%)：340(M^+ 37)，325(1.4)，309(10)，165(17)，163(15)，162 (100)，149(13)，135 (14)。^{1}H-NMR($CDCl_3$)：δ1.12 (3H，d，J=7Hz，CH_3-8)，2.68 (1H，m，

H-8)，3.07（3H，s，OCH_3-3′），3.18（2H，m，H-7′），5.00～5.28（3H，m，H-7，H-9′），5.70～6.10（1H，m，H-8′），5.97（1H，s，H-5′），6.02（2H，s，OCH_2O），6.27（1H，m，H-2′），6.84～7.02（3H，m，Ar-H）。^{1}H-NMR 和 ^{13}C-NMR 波谱数据如表 4-19 所示，经比对与韩桂秋、潘云雪数据一致，故可鉴定为山蒟素，化学结构式如图 4-24 所示。

表 4-19　山蒟素的 ^{1}H-NMR 和 ^{13}C-NMR

位置	δ_C	δ_H
1	133.9	
2	107.6	
3	147.7	
4	147.4	
5	108.6	
6	120.6	
7	87.9	5.00～5.28(1H,m)
8	46.9	2.68 (1H,m)
9	11.6	1.12(3H,d,J=7Hz)
1′	143.4	
2′	134.1	6.27 (1H,m)
3′	81.6	3.07(3H,s,OCH_3)
4′	170.3	
5′	99.3	5.97 (1H,s)
6′	183.6	
7′	34.1	3.18 (2H,m)
8′	135.0	5.70～6.10(1H,m)
9′	117.2	5.00～5.28(2H,m)
		6.02(2H,s,OCH_2O)
		6.84～7.02(3H,m,Ar-H)

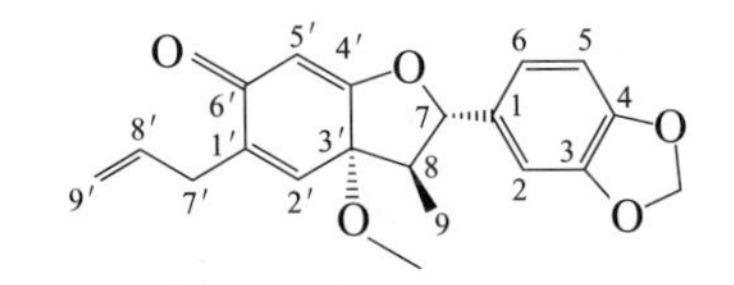

图 4-24　山蒟素的化学结构式

二十一、海风藤酮

化合物为无色油状物，$[\alpha]_D^{13}$ +26.8°（c0.31×10^{-4}，$CHCl_3$）。UV(EtOH)

λ_{max}[nm(ε)]：235.0(9617)，285.0(2869)，301.5(sh.)。IR(CH_2Cl_2)ν_{max}(cm^{-1})：1671，1649，1628。MS m/z(相对丰度/%)：356(M^+ 41)，341(1.5)，191(28)，178(100)，165(20)，163(14)，151(10)。高分辨质谱356.1606($C_{21}H_{24}O_5$计算值 356.1589)。^{1}H-NMR ($CDCl_3$)：δ1.08(3H，d，J=7Hz，CH_3-8)，2.65(1H，m，H-8)，3.00(3H，s，OCH_3-3′)，3.10(2H，m，H-7′)，3.86(6H，s，$ArOCH_3$)，4.96～5.24(3H，m，H-7，H-9′)，5.60～6.08(1H，m，H-8′)，5.86(1H，s，H-5′)，6.20(1H，m，H-2′)，6.84～7.04(3H，m，Ar-H)。以上结果与韩桂秋、Ding 文献报道的海风藤酮一致，故证明化合物为海风藤酮，化学结构式如图 4-25 所示。

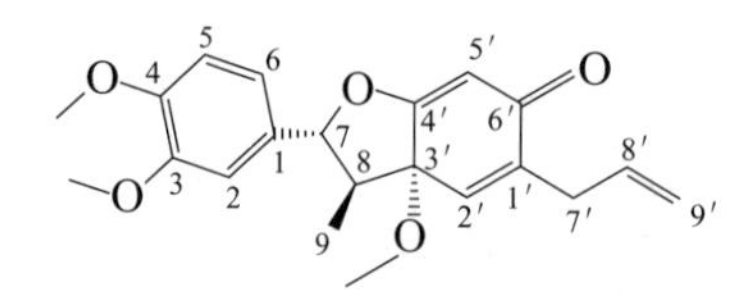

图 4-25 海风藤酮的化学结构式

二十二、denudatin B

化合物为无色油状物，$[\alpha]_D^{15}$ +77°(c 0.0074，$CHCl_3$)。UV(EtOH)λ_{max}[nm(ε)]：235.5(16767)，287.5 (6373)，302.0(sh)。IR(CH_2Cl_2)ν_{max}(cm^{-1})：1671，1649，1628。^{1}H-NMR($CDCl_3$)：δ1.10 (3H，d，J=7Hz，CH_3-8)，2.18(1H，m，H-8)，3.13(3H，s，OCH-3′)，3.16(2H，m，H-7′)，3.90(6H，Ar-OCH_3)，5.00～5.28 (2H，m，H-9′)，5.36(1H，d，J=9.5Hz，H-7)，5.84(1H，s，H-5′)，5.65～6.05(1H，m，H-8′)，6.28(1H，m，H-2′)，6.82～6.90 (3H，m，Ar-H)。MS m/z(相对丰度/%)：356 (M^+ 29)，341(1.6)，191 (23)，178(100)，165(13)，163(21)，151 (5)。元素分析实验值(%)：C 70.93，H 7.06，分子式 $C_{21}H_{24}O_5$；计算值(%)：C 70.79，H 6.74。以上结果与韩桂秋、Iida 文献报道的 denudatin B 一致，故证明化合物为 denudatin B，化学结构式如图 4-26 所示。

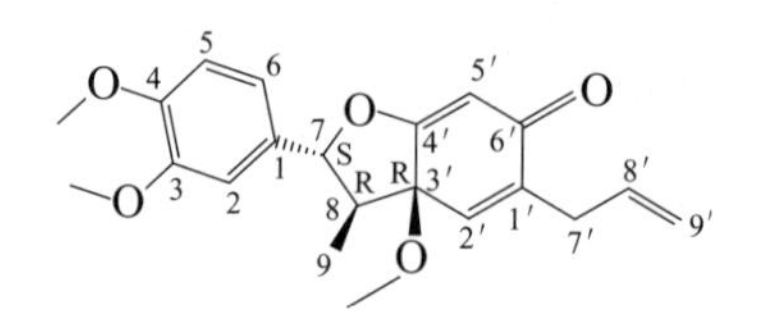

图 4-26 denudatin B 的化学结构式

二十三、山药素 D

化合物为无色结晶，mp 96～97℃，$[\alpha]_D^{14}$ 0°（c 0.3，$CHCl_3$）。UV（EtOH）λ_{max}[nm（ε）]：217.5（3495），260.5（22940），295.0（14818）。IR（KBr）ν_{max}（cm^{-1}）：1644，1637，1610，1504，1491，890。MS m/z（相对丰度/%）：354（M^+ 100），194（69），178（15），162（12）。HRMS 分子离子峰 354，1465（$C_{21}H_{22}O_5$），计算值 354.1462。^{1}H-NMR 和 ^{13}C-NMR 波谱数据如表 4-20 所示，经比对与韩桂秋、段书涛数据一致，故可鉴定为化合物山药素 D，化学结构式如图 4-27 所示。

表 4-20　山药素 D 的 ^{1}H-NMR 和 ^{13}C-NMR

位置	δ_C	δ_H
1	139	
2	105	
3	146	
4	147	
5	107	
6	122	
7	127	6.96 (1H,s)
8	132	1.66 (1H,d,J=1Hz)
9	14	
1′	131	5.38 (1H,d,J=7.6Hz)
2′	186	
3′	109	5.86 (1H,s)
4′	172	
5′	79	
6′	141	6.17 (1H,s)
7′	32	3.12 (2H,s)
8′	134	5.7～5.8 (2H,m)
9′	117	5.09 (2H,m)
5′-CH_3O	52	3.27(3H,s)
4′-CH_3O	56	3.84 (3H,s)
OCH_2O	100.8	6.00(2H,s)
Ar—CH_3O		

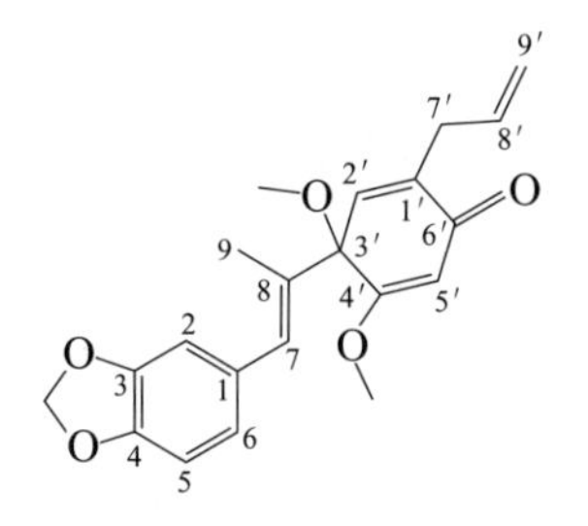

图 4-27　山蒟素 D 的化学结构式

二十四、4-烯丙基儿茶酚

化合物为淡褐色粉末（氯仿），分子式为 $C_9H_{10}O_2$。IR(KBr)ν_{max}(cm^{-1})：3427，2921，1617。ESI-MS m/z：151 [M + H]$^+$。^{1}H-NMR（400MHz，$CDCl_3$）：δ3.14(2H，d，J=6.5Hz，Ar-CH_2)，4.91～4.95(2H，m，烯烃)，5.52(2H，br，Ar-OH)，5.70～5.80(1H，m，烯烃)，6.49～6.68(3H，m，Ar-H)。^{13}C-NMR（100MHz，$CDCl_3$）：δ38.39(C-7)，114.59(C-9)，119.89(C-3，6)，120.18(C-5)，132.43(C-4)，136.55(C-8)，140.46(C-1)，142.26(C-2)。以上数据与文献雷海鹏、Rathee 报道基本一致，故鉴定化合物为 4-烯丙基儿茶酚，化学结构式如图 4-28 所示。

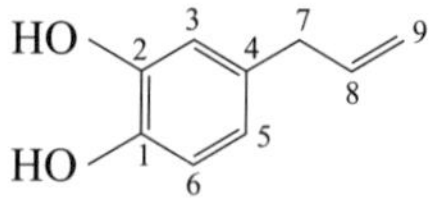

图 4-28　4-烯丙基儿茶酚的化学结构式

二十五、*d*-芝麻素

化合物为白色晶体(氯仿)，分子式为 $C_{20}H_{18}O_6$。IR(KBr)ν_{max}(cm^{-1})：2850，1608，1496，1250，1029，783。ESI-MS m/z：355 [M + H]$^+$。^{1}H-NMR (400MHz，$CDCl_3$)：δ3.04 (2H，m，H-8,8′)，3.84～3.87(2H，dd，J=3.6Hz，9.2Hz，H-9β,9′β)，4.20～4.24(2H，dd，J=6.8Hz，8.8Hz，H-9α,9′α)，4.71(2H，d，J=4.0Hz，H-7,7′)，5.93(4H，s，OCH_2O)，6.76～6.85(6H，m，Ar-H)。^{13}C-NMR（100MHz，$CDCl_3$）：δ54.34 (C-8，8′)，71.70(C-9,9′)，85.78(C-7,7′)，101.10(OCH_2O)，106.52(C-2,2′)，108.18(C-5,5′)，119.37 (C-6,6′)，135.10 (C-1,1′)，147.11(C-2,2′)，147.98(C-4,

4′)。以上数据与文献雷海鹏、靳涛报道对照基本一致，故鉴定化合物为 *d*-芝麻素，化学结构式如图 4-29 所示。

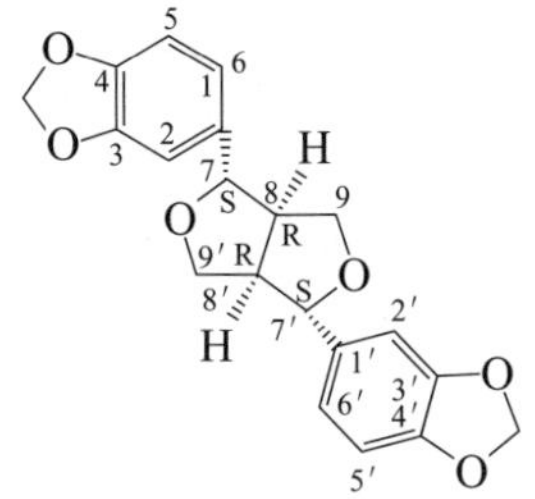

图 4-29　*d*-芝麻素的化学结构式

二十六、胡椒内酰胺 A

化合物为橘色无定形粉末（氯仿-甲醇），mp 269～271℃。ESI-MS *m/z*：288 [M+Na]$^+$。推测其分子量为 265，提示该化合物为含氮类物质，结合^{1}H-NMR 和^{13}C-NMR 数据，推测其分子式为 $C_{16}H_{11}NO_3$，^{1}H-NMR(400MHz，DMSO-d_6)：δ7.58(1H，s，H-2)，9.45(1H，m，H-5)，7.65(2H，m，H-7)，7.90(1H,m,H-8)，7.48(1H,s,H-9)，4.03(3H,s,3-OCH_3)，12.0(1H，s,NH)。^{13}C-NMR（100MHz，DMSO-d_6）：δ168.9(CONH)，121.7(C-1)，109.0(C-2)，449.8(C-3)，145.1(C-4)，112.3(C-4a)，125.9(C-4b)，127.8(C-5)，126.2(C-6)，128.2(C-7)，129.1(C-8)，134.8(C-8a)，107.3(C-9)，135.8(C-10)，128.8(C-10a)，56.9(3-OCH_3)。以上数据与文献雷海鹏、曲玮、陈少丹报道的 piperolactam A 谱学数据一致，故鉴定化合物为胡椒内酰胺 A，化学结构式如图 4-30 所示。

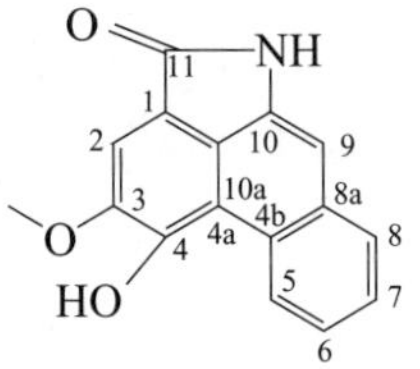

图 4-30　胡椒内酰胺 A 的化学结构式

二十七、胡椒内酰胺 D

化合物为黄色晶体(甲醇)，分子式为 $C_{16}H_{11}NO_3$。ESI-MS *m/z*：282[M

$+H]^{+1}$。^{1}H-NMR（400MHz，CD_3OD）：δ3.94（3H，s，3-OCH_3），4.40（3H，s，4-OCH_3），7.22（1H，s，H-9），7.48～7.50（2H，m，H-6），7.82～7.85（1H，m，H-8），9.35（1H，m，H-5）。^{13}C-NMR（100MHz，DMSO-d_6）：δ61.40（3-OCH_3），62.36（4-OCH_3），104.86（C-9），104.87（C-1），112.21（C-10a），124.95（C-7），125.68（C-6），126.60（C-4a），126.77（C-5a），127.13（C-5），128.60（C-8），132.92（C-9a），135.07（C-10），140.09（C-3），153.05（C-4），153.06（C-2），167.16（C=O）。以上数据与文献雷海鹏、Yang、Lee的报道基本一致，故鉴定化合物为胡椒内酰胺D，化学结构式如图4-31所示。

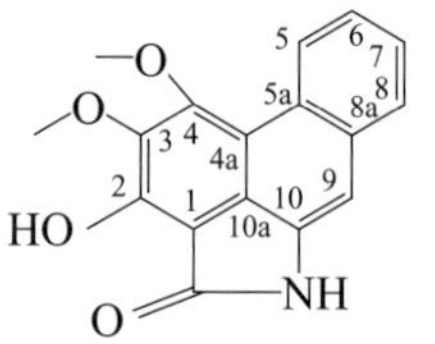

图4-31 胡椒内酰胺D的化学结构式

二十八、风藤酰胺

白色棱晶（P. E-Me_2CO 8∶2），mp 127～129℃，分子式为$C_{18}H_{23}NO_3$。IR（KBr）ν_{max}（cm^{-1}）：3297，1666，1624，1560，1492，974，925。EI-MS m/z：301，258，229，161，131，103。^{1}H-NMR（$CDCl_3$，500MHz）：δ6.75（1H，m，H-3），5.91（2H，s，OCH_2O），5.81（1H，d，J=15Hz，H-2），5.52（1H，br. s，NH），3.15（2H，t，J=6.5Hz，H-1），6.34（1H，m，H-7），6.03（1H，m，H-6），1.78（1H，m，H-2′），0.92（6H，d，J=7.0Hz，H-3′），6.87～6.75（3H，m，H-2″，5″，6″），2.34（4H，m，H-4，5）。^{13}C-NMR（$CDCl_3$，125MHz）：δ165.9（C-1），124.3（C-2），143.5（C-3），31.7（C-4），32.0（C-5），127.5（C-6），130.4（C-7），46.8（C-1′），28.5（C-2′），20.0（C-3′），132.1（C-1″），105.5（C-2″），148.0（C-3″），146.8（C-4″），108.2（C-5″），120.4（C-6″），101.0（OCH_2O）。以上^{1}H-NMR和^{13}C-NMR数据与文献周亮、李书明报道一致，故推定为风藤酰胺，化学结构式如图4-32所示。

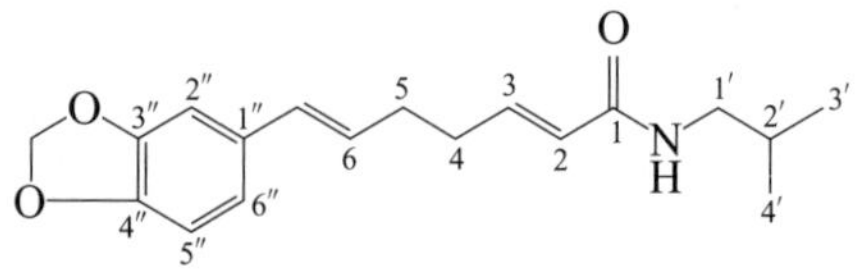

图4-32 风藤酰胺的化学结构式

二十九、毛穗胡椒碱

白色针晶(P. E-Me_2CO 8∶2)，mp 142～144℃，分子式为 $C_{16}H_{17}NO_3$。^{1}H-NMR (CDCl$_3$，500MHz)：δ6.26 (1H，d，J=15.5Hz，H-2)，7.40(1H，dd，J=15.5Hz，10.5Hz，H-3)，6.75(1H，dd，J=15.5Hz，10.5Hz，H-4)，6.81(1H，d，J=15.5Hz，H-5)，3.56(4H，m，H-2′，3′)，2.00(4H，m，H-1′，4′)，6.78～6.97(3H，m，H-2″，5″，6″)。^{13}C-NMR (CDCl$_3$，125MHz)：δ167.0 (C-1)，121.6(C-2)，142.0(C-3)，124.7 (C-4)，140.9(C-5)，46.5 (C-1′)，26.2(C-2′)，24.4(C-3′)，45.9(C-4′)，130.7(C-1″)，105.8(C-2″)，148.5(C-3″)，148.2(C-4″)，108.6(C-5″)，122.9(C-6″)，101.3 (OCH$_2$O)。以上^{1}H-NMR、^{13}C -NMR 数据与文献周亮、Jacobs 报道一致，故推定为毛穗胡椒碱，化学结构式如图 4-33 所示。

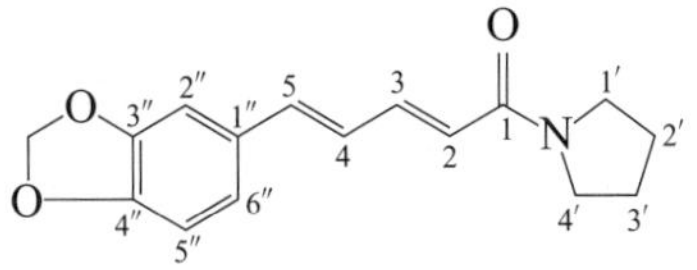

图 4-33　毛穗胡椒碱的化学结构式

三十、胡椒次碱

白色针晶(P. E-EtOAc 8∶2)，mp 110～112℃，分子式为 $C_{22}H_{29}NO_3$。EI-MS m/z：355，248，220，256，161，152，135，115。^{1}H-NMR(CDCl$_3$，500MHz)：δ5.76(1H，d，J = 15.0Hz，H-2)，7.19(1H，dd，J = 15.0，10.0Hz，H-3)，6.14(1H，dd，J = 15.0，10.0Hz，H-4)，6.10(1H，m，H-5)，6.74～6.87(3H，m，H-2″，5″，6″)，6.04(1H，m，H-10)，6.29 (1H，d，J = 15.0Hz，H-11)，5.95(2H，s，OCH$_2$)，5.51(1H，br. s，NH)，3.15(2H，t，J = 6.5Hz，H-1′)，1.78(1H，m，H-2′)，0.92(6H，d，J = 7.0Hz，H-3′)，1.44(4H，m，H-7，8)，2.16(4H，m，H-6，9)。^{13}C-NMR(CDCl$_3$，125MHz)：δ166.2(C-1)，121.9 (C-2)，141.2(C-3)，128.7(C-4)，142.8(C-5)，32.7(C-6)，28.7(C-7)，28.3(C-8)，32.7(C-9)，129.2(C-10)，129.7(C-11)，46.8(C-1′)，28.7 (C-2′)，20.1 (C-3′)，132.4 (C-1″)，105.4(C-2″)，147.9(C-3″)，146.6 (C-4″)，108.2(C-5″)，120.2 (C-6″)，100.9 (OCH$_2$O)。以上^{1}H-NMR、^{13}C -NMR 数据与文献周亮、Jacobs 报

道一致，故推定为胡椒次碱，化学结构式如图 4-34 所示。

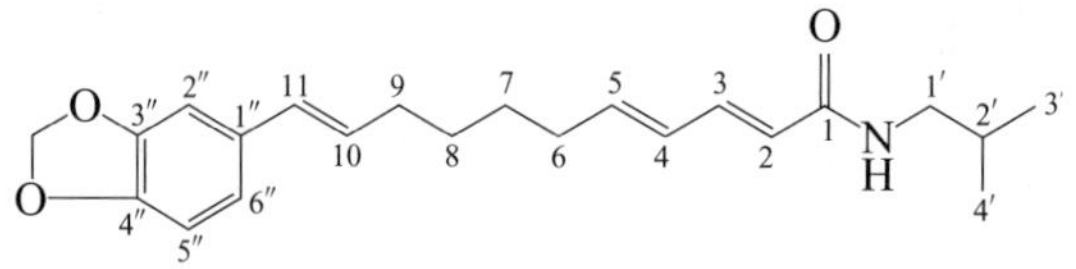

图 4-34 胡椒次碱的化学结构式

三十一、几内亚胡椒碱

白色针晶(P. E-EtOAc 8∶2)，mp 113～115℃，分子式为 $C_{24}H_{33}NO_3$。EI-MS m/z：383(M$^+$)，311，283，268，248，161，152，135，131。^{1}H-NMR(CDCl$_3$，500MHz)：δ5.76(1H，d，J=15.0Hz，H-2)，7.19(1H，dd，J=15.0，10.0Hz，H-3)，6.14(1H，dd，J=15.0，10.0Hz，H-4)，6.10(1H，m，H-5)，6.74～6.89(3H，m，H-2″，5″，6″)，6.04(1H，m，H-12)，6.29(1H，d，J=15.0Hz，H-13)，5.95(2H，s，OCH$_2$)，5.51(1H，br. s，NH)，3.15(2H，t，J=6.5Hz，H-1′)，1.80(1H，m，H-2′)，0.93(6H，d，J=7.0Hz，H-3′)，1.44(4H，m，H-7，10)，2.16(4H，m，H-6，11)，1.33(4H，m，H-8，9)。^{13}C-NMR(CDCl$_3$，125MHz)：δ166.3(C-1)，121.7(C-2)，141.2(C-3)，128.7(C-4)，142.8(C-5)，32.7(C-6)，29.0(C-7)，28.8(C-8)，28.5(C-9)，28.7(C-10)，(C-11)，129.3(C-12)，129.6(C-13)，46.8(C-1′)，(C-2′)，(C-3′)，132.4(C-1″)，105.4(C-2″)，147.9(C-3″)，146.6(C-4″)，108.2(C-5″)，120.2(C-6″)，100.9(OCH$_2$O)。以上^{1}H-NMR、^{13}C-NMR 数据与文献周亮、Jacobs、黄相中报道一致，故推定为几内亚胡椒碱，化学结构式如图 4-35 所示。

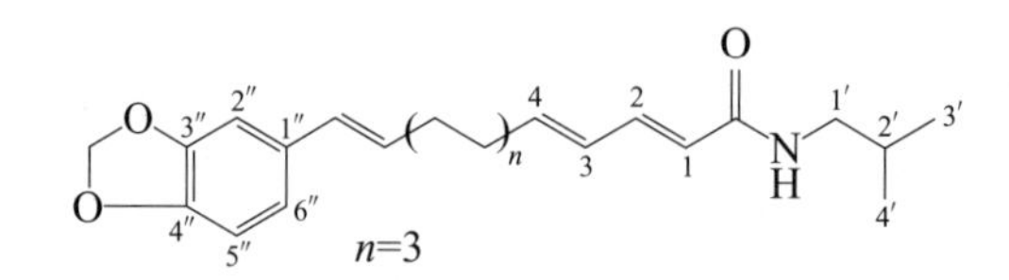

图 4-35 几内亚胡椒碱的化学结构式

三十二、胡椒碱

浅黄色针晶(甲醇)，mp 129～130℃，分子式为 $C_{17}H_{19}NO_3$。EI-MS $m/$

z：285（M^+），202，201，173，143，137，115。^{1}H-NMR（$CDCl_3$，500MHz）：δ6.31(1H,d,J=15.5Hz，H-2)，7.31(1H,m,H-3)，6.64(1H,m,H-4)，6.65(1H,m,H-5)，6.65～6.87（3H,m,H-2″,5″,6″)，5.86(2H,s,OCH_2)，1.57(2H,m,H-4′)，3.48（4H,br.s，H-2′,6′)，1.51(4H,m,H-3′,5′)。^{13}C-NMR($CDCl_3$，125MHz)：δ165.2(C-1)，120.0(C-2)，142.4(C-3)，125.7(C-4)，138.3(C-5)，43.0(C-2′)，25.8（C-3′)，24.5(C-4′)，26.9(C-5′)，47.1(C-6′)，131.0(C-1″)，105.2(C-2″)，148.1(C-3″)，147.9（C-4″)，108.0（C-5″)，122.0(C-6″)，101.0($COCH_2O$)。以上^{1}H-NMR、^{13}C -NMR数据与文献周亮、Xavier报道一致，故推定为胡椒碱(piperine)，化学结构式如图4-36所示。

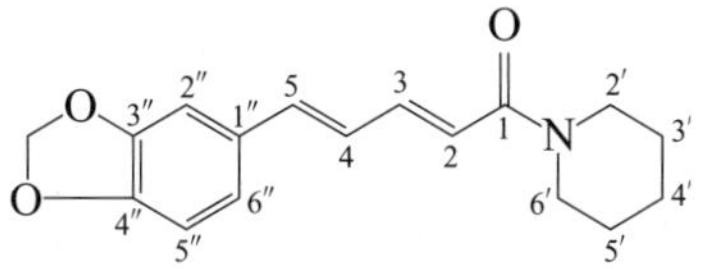

图 4-36　胡椒碱的化学结构式

三十三、胡椒亭

浅黄色针晶(甲醇)，mp 150～152℃，分子式为$C_{19}H_{21}NO_3$。^{1}H-NMR（$CDCl_3$，500MHz）：δ6.34(1H，d，J=15.5Hz，H-2)，7.33(1H，dd，J=15.5，12.0Hz，H-3)，6.39(1H，dd，J=15.0，12.0Hz，H-4)，6.62(1H，m，H-5)，6.64(1H，dd，J=15.0，10.0Hz，H-6)，6.57(1H，d，J=15.0Hz，H-7)，6.74～6.95(3H，m，H-2″，5″，6″)，5.94(2H，s，OCH_2)，1.65(2H，m，H-4′)，3.55(4H，br.s，H-2′，6′)，1.55（4H，m，H-3′，5′)。^{13}C-NMR($CDCl_3$，125MHz)：δ165.5(C-1)，120.2(C-2)，142.4(C-3)，130.2（C-4)，139.3（C-5)，126.8（C-6)，135.4(C-7)，43.4（C-2′)，25.8（C-3′)，24.9(C-4′)，26.9(C-5′)，47.1(C-6′)，131.8(C-1″)，105.6(C-2″)，148.1（C-3″)，147.9（C-4″)，108.7（C-5″)，122.1（C-6″)，101.3(OCH_2O)。以上^{1}H-NMR，^{13}C -NMR数据与文献周亮、Xavier、朱芸报道一

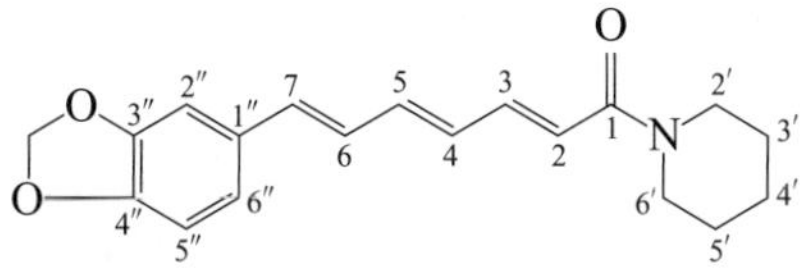

图 4-37　胡椒亭的化学结构式

致，故推定为胡椒亭，化学结构式如图 4-37 所示。

三十四、卵形椒碱

白色粉末(P. E-EtOAc 8∶2)，mp 116～118℃，分子式为 $C_{17}H_{23}NO_2$。EI-MS m/z：273(M^+)，201，173，152，139，121，96。^{1}H-NMR（$CDCl_3$，500MHz）：δ5.81（1H，d，J = 15.5Hz，H-2），7.19（1H，dd，J = 15.5Hz，10.0Hz，H-3），6.08(1H，m，H-4)，6.20(1H，m，H-5)，3.40(1H，d，J=5.5，H-6)，7.06(2H，d，J=8.5Hz，H-2″，6″)，6.83(2H，d，J = 8.0Hz，H-3″，5″)，3.77（3H，s，OCH_3），3.15（2H，t，J = 6.5Hz，H-1′），1.75（1H，m，H-2′），0.92（6H，d，J = 7.0Hz，H-3′）。^{13}C-NMR（$CDCl_3$，125MHz）：δ166.5（C-1），123.2（C-2），142.0（C-3），130.0（C-4），140.8(C-5)，38.4(C-6)，47.1(C-1′)，28.8（C-2′），20.4(C-3′)，131.4(C-1″)，129.6（C-2″），114.1(C-3″)，158.4(C-4″)，114.1（C-5″），129.6(C-6″)，55.4(OCH)。以上^{1}H-NMR、^{13}C -NMR 数据与文献周亮、Marcus 报道一致，故推定为卵形椒碱，化学结构式如图 4-38 所示。

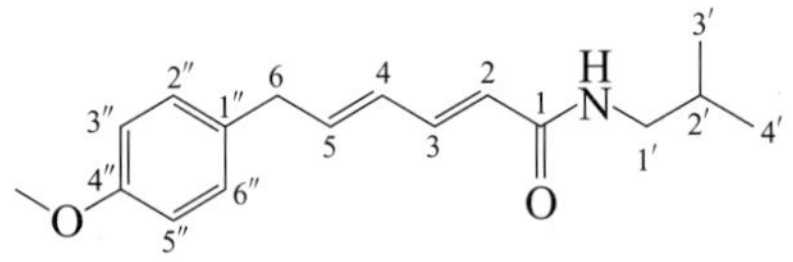

图 4-38　卵形椒碱的化学结构式

三十五、β-谷甾醇

白色针状结晶，mp 140～142℃，Libermann-Burchard 反应阳性。^{1}H-NMR（$CDCl_3$）：六个甲基的 H 信号为 0.68(3H，s，18-CH_3)，1.01（3H，s，19-CH_3），0.92(3H，d，J=6.3Hz，21-CH_3)，0.87(3Ht，J=7.5Hz，29-CH_3)，0.85(3H，d，J=6.0Hz，26-CH_3)，0.83(3H，d，J=7.0Hz，27-CH_3)，1 个连氧碳上的 H 及 1 个双键 H 信号为 3.58（1H，m，3-H)，5.35(1H，d，J=3.6Hz，6-H)。^{13}C-NMR($CDCl_3$)(Cl-C29)：29.17(C-1)，31.68(C-2)，71.80(C-3)，39.78(C-4)，140.77(C-5)，121.70(C-6)，29.17(C-7)，31.91(C-8)，50.15(C-9)，36.14(C-10)，21.08(C-11)，37.26(C-12)，42.32(C-13)，56.77(C-14)，24.30(C-15)，28.24(C-16)，56.14(C-17)，11.98(C-18)，18.78(C-19)，36.14(C-20)，19.40(C-21)，33.96(C-22)，26.10(C-

23)，45.85(C-24)，29.17(C-25)，19.04(C-26)，19.81(C-27)，23.08(C-28)，11.85(C-29)。其中 140.77、29.17 和 11.85 为 β-谷甾醇的特征 ^{13}C 吸收峰，71.80 为 3 位羟基影响的叔碳吸收峰，11.98 和 18.78 分别为 18 位和 19 位甲基吸收峰。碳谱数据与文献孙明谦的 β-谷甾醇的数据一致，故鉴定该化合物为 β-谷甾醇，化学结构式如图 4-39 所示。

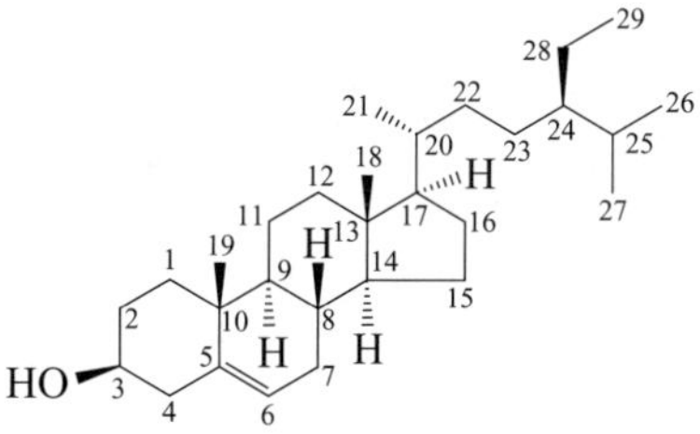

图 4-39　β-谷甾醇的化学结构式

三十六、胡萝卜苷

白色粉末状结晶，mp 289～291℃($CHCl_3$-MeOH)。Libermann Burchard 反应阳性，Molish 反应阳性。IR(KBr) ν_{max} (cm^{-1})：3400，2960，2930，2880，1640，1460，1385，1375，1165，1120，1090，1040。EI-MS m/z (相对丰度/%)：414(M^+-162，10)，399(8)，397(40)，396(50)，382 (30)，320 (10)，303(10)，275 (15)，255(40)，229 (12)，213 (20)，83 (50)，69 (55)，43 (100)。以上数据与胡萝卜苷标准品图谱一致，薄层色谱 R_f 值一致，故鉴定化合物为胡萝卜苷，化学结构式如图 4-40 所示。

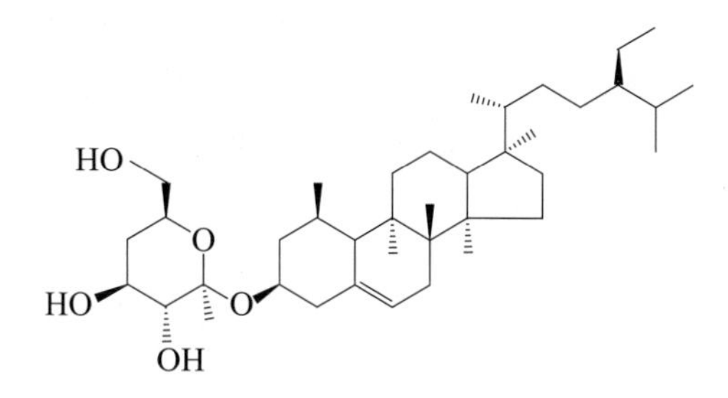

图 4-40　胡萝卜苷的化学结构式

三十七、香草酸

无色针晶(丙酮)，mp 206～208℃，具有升华性，遇 $FeCl_3$ 呈棕红色。IR

(KBr)ν_{max}(cm^{-1})：3480（OH），3090，3000～2500（COOH），1680（C═O），1595，1520，1470（Ar），1430，1375，1300，1280，1240，1200，1185，1165，1110，1015，910，880，810，805，760。^{1}H-NMR（DMSO-d_6，500MHz）：δ3.80(3H，s，OCH_3)，6.84(1H，d，J=8.7Hz，H-5)，7.44(2H，m，H-2,6)，9.72(1H，br.s，OH)，12.20(1H，br.s，COOH)。EI-MS m/z(相对丰度/%)：168（M^+，100)，153（M-CH_3，77)，151（M-OH，19)，123（M-COOH，9)，108(10)，97(40)，79（18)，51(22)，39（12)。以上数据与文献曾诠报道的香草酸一致，化学结构式如图4-41所示。

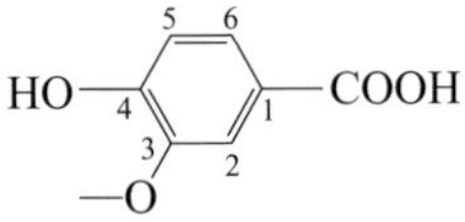

图 4-41 香草酸的化学结构式

三十八、豆甾-4-烯-3,6-二酮

无色羽状结晶（石油醚-乙酸乙酯），mp 160～164℃。紫外灯下暗斑，10%H_2SO_4显色变化为绿→黄→红→紫，Liebermann-Burchard 反应红色→蓝色→墨绿色，提示该化合物为甾体化合物。^{1}H-NMR（300MHz，$CDCl_3$）谱给出 6 个甲基质子信号：δ0.74（3H,s,H-18)，1.18（3H,s,H-19)，0.95(3H，d，J=6.3Hz，H-21)，0.85(3H，d，J=6.5Hz，H-26)，0.83(3H，d，J=6.8Hz，H-27)，0.86(3H，t，J=6.9Hz，H-29)和一个烯氢质子信号δ6.18(1H，s，H-4)。^{13}C-NMR(75MHz，$CDCl_3$)谱给出 29 个碳信号，因此进一步推断该化合物为豆甾类化合物，δ202.2 为羟基信号，δ199.4，161.0 和δ125.4 所示结构中具有 α,β-不饱和酮片段，此外低场区无其他碳信号，与文

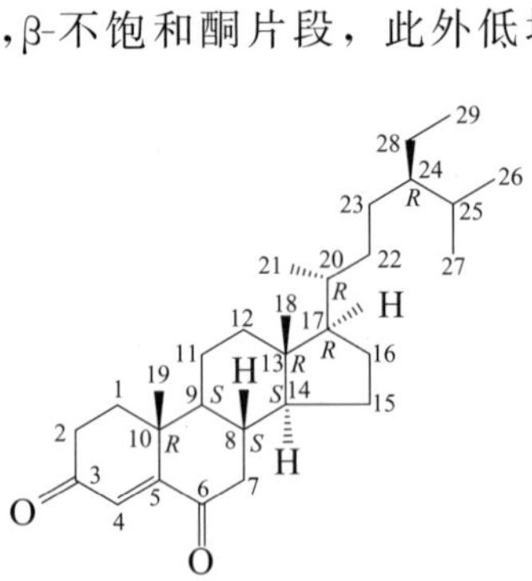

图 4-42 豆甾-4-烯-3,6-二酮的化学结构式

献周亮、Greca、赵春超报道豆甾-4-烯-3,6-二酮的理化性质和谱学数据比较基本一致，故鉴定该化合物为豆甾-4-烯-3,6-二酮，化学结构式如图 4-42 所示。

三十九、山蒟素 B

化合物为油状物，高分辨质谱分子量 356.1624，分子式 $C_{21}H_{24}O_5$。红外光谱有羟基（$3525cm^{-1}$）和 α,β-不饱和羟基（$1660cm^{-1}$，$1630cm^{-1}$）吸收。紫外光谱在 263nm，294nm(sh)有最大吸收，表示含烯酮结构。^1H-NMR 光谱有烯丙基 δ3.04～3.23（2H，m，$—CH_2—CH═CH_2$），δ5.70～6.10（1H，m，$—CH_2—CH═CH_2$），δ4.98～5.26（2H，m，$—CH_2—CH═CH_2$），且应连在 sp^2-C 上。δ1.70，$J=1Hz$，为连于烯键的甲基[$—CH═C(CH_3)_2$]，δ7.04（1H，m，$—CH═C—CH_3$），此氢与甲基为反。在 δ3.24，3.82，3.90 各有 3H 单峰，表示含三个甲氧基。δ3.24 属脂肪甲氧基，应连在叔碳上。δ5.66 有一单峰，1H，加重水消失，结合红外光谱在 $3525cm^{-1}$有吸收，此峰应归属为羟基。^1H-NMR 与细叶青蒌藤醌醇（futoquinol）的相似，不同点在于细叶青蒌藤醌醇的芳环上有次甲二氧基峰（δ5.92），而该化合物的^1H-NMR 中以一羟基峰（δ5.66）和一个芳香甲氧基峰（δ3.90）代替。该化合物经吡啶一醋酐乙酰化得（Ib），（Ib）的红外光谱中羟基峰消失。（Ib）的^1H-NMR 谱中 δ5.66 消失，而在 δ2.31 出现一单峰（3H），证明该化合物有一羟基。该化合物以硫酸二甲酯甲基化得（Ic）的红外光谱及^1H-NMR 谱无羟基峰，而在 δ3.90 出现单峰（9H），为芳香甲氧基信号，又证明该化合物的羟基为酚羟基。质谱给出化合物的分子离子峰为 356，（Ib）的分子离子峰为 398，（Ic）的分子离子峰为 370，并可在各质谱中分别找到羟基取代、羟基乙酰化、羟基甲基化而相应的主要碎片峰，分别为 137、179、151，也与化合物中只有一个酚羟基的结论一致。根据一些新木脂素类化合物的生源途经，以丙烯基苯酚为主要前体，化合物的生物合成可能是从丁香油酚开始的，故羟基应在烯丙基对位，甲氧基在 3 位。将化合物加 Gibbs 试剂作显色反应，不呈蓝色，证明羟基对位有取代基，而在该化合物中此取代基只能为烯丙基。推定该化合物为山蒟素 B，化学结构式如图 4-43 所示。

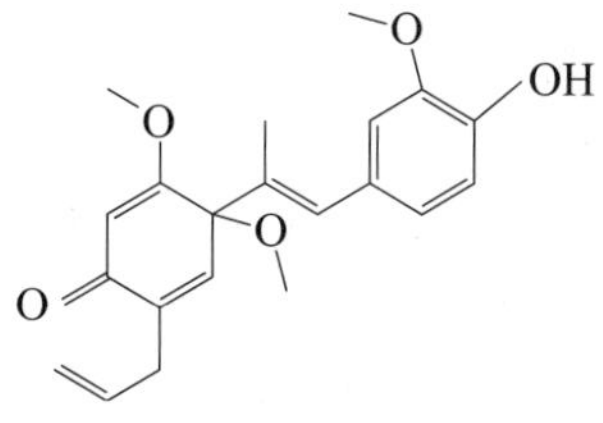

OH

O

图 4-43　山蒟素 B 的化学结构式

四十、山蒟素 C

化合物为无色油状物，$[\alpha]_D^{22}=0°$(c1.028，CH_3)。ESI-MS m/z：423.10 $[M+Na]^+$。^{1}H-NMR($CDCl_3$，400MHz)：δ6.96 (1H，s，H-7)，6.50(2H，s，Ar-H)，6.15(1H，s，H-6′)，5.87(1H，m，H-8′)，5.83 (1H，s，H-3′)，5.11 (2H，m，H-9′)，3.84 (9H，s，3Ar-OMe)，3.80 (3H，s，4′-OMe)，3.25(3H，s，5′-OMe)，3.13(2H，m，H-7′)，1.69(3H，s，H-9)。以上数据与文献李书明、段书涛对照一致，故鉴定该化合物为山蒟素 C，化学结构式如图 4-44 所示。

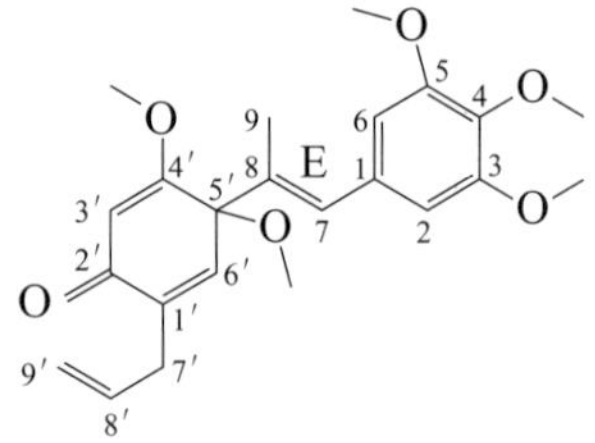

图 4-44　山蒟素 C 的化学结构式

四十一、山蒟醇

化合物为无色黏稠油状物，$[\alpha]_D^{33}+61.6°$。紫外光谱在 215.0nm，230.0nm、277.5nm 处有最大吸收。红外光谱表明有羟基(ν_{OH} 3490cm^{-1})和非共轭羟基($\nu_{C=O}$ 1745cm^{-1})存在。高分辨质谱给出分子量 358.1767，分子式 $C_{21}H_{26}O_5$(计算值 358.1754)。核磁共振氢谱有甲氧基(δ3.84，s；δ3.85，s；δ3.64，s)、烯氢、芳氢等信号。分析以上提示化合物可能为双苯丙基类化合物。400MHz 核磁共振氢谱(见表 4-21)有两个芳香甲氧基(δ3.84，s；δ3.85，s)和三个芳香质子(δ6.64，1H，d，$J=2$Hz；δ6.68 1H，dd，$J=8$Hz，2Hz；δ6.78，1H，d，$J=8$Hz)，表明苯环应为 1,3,4-三取代。质谱有 178 (25%)(VIR—R′—CH_3)碎片。故可确定化合物的一个 C_5—C_3 片段为 VI(R＝R′＝CH_3)。

该化合物的 400MHz ^{1}H-NMR 有烯丙基(δ2.28，δ2.38 各 1H，q，—CH_2—CH＝CH_2；δ5.92，1H，m，—CH_2—CH＝CH_2；δ5.07，δ5.09 各 1H，m，—CH_2—CH_2)，此烯丙基在三取代 sp^3-C(δ_{CH_2}<2.60)。δ4.46，1H，单峰，2 D-NOESY NMR 证明此氢所连碳的化学位移为 δ98.2，表明为

烯氢，烯基连在三取代碳上。δ3.64，单峰，3H，为双键上的甲氧基。下面一组信号为 δ1.04，3H，d，J =6.5Hz，CH_3—CH；δ2.02，1H，dq，J =9Hz，6.5Hz，CH_3—CH—CH；δ3.04，1H，dd，J =9Hz，2Hz，CH—CH—CH_4；δ2.76，1H，dd，J =5.8Hz，2Hz，CH—CH—CH；δ4.71，1H，dd，J =5.8Hz，2Hz，CH—CH—OH；δ2.57，1H，d，J = 2.5Hz，OH（在该化合物的 C_6D_6 溶液中加入 CD_3OD，δ2.57 信号向高场移动约 1，确证为 OH），证明了片段 CH_3—CH—CH—CH—CH—OH 的存在。2 D-HNMR 在对角线两侧可以找到 δ2.02 与 δ1.04、δ3.04 有交叉峰；δ2.76 与 δ3.04、δ4.71 有交叉峰；δ4.71 又与 δ2.57 有交叉峰，这些都说明了它们的偶合关系，与以上结论相符。

该化合物的立体化学结构主要是根据^{1}H-NMR 和^{13}C-NMR（见表 4-21）来确定的。^{1}H-NMR 8-甲基在相对低场（δ1.04），说明 CH_3/Ar 为反式关系。3′，4′-H 的偶合，常数 5.8Hz，根据 Kar-plus 方程计算出两个氢的二面角应为 31.6°，则 4′-基对五元环应为内向。在 1′-烯丙基-5′-甲氧基-7,3′,8,1′-木脂素中，无论 C_5′、C_6′是否饱和，4′是羟基或是羰基，只要 8-CH_3 处于内向，则 C-9将受 C-6′的 γ 效应而出现在高场（约 δ12）。该化合物的 C-9 为 δ12.3，故应为内向。该化合物命名为山蒟醇，化学结构式如图 4-45 所示。

表 4-21　山蒟醇的^{1}H-NMR 和 ^{13}C-NMR

位置	δ_C	δ_H（J/Hz）
1	137.6	—
2	112.0	6.78 d (8)
3	148.6	—
4	150.1	—
5	112.6	6.64 d (2)
6	119.4	6.68 dd (8,2)
7	45.9	3.04 dd (9,2)
8	48.7	2.02 dq (9,6.5)
9	12.3	1.04 d (6.5)
1′	53.0	—
2′	208.8	—
3′	58.8	2.76 dd (5.8,2)
4′	74.1	4.71 dd (5.8,2)
5′	154.4	—
6′	98.2	4.46 s
7′	36.0	2.28 q 2.38 q
8′	134.6	5.92 m
9′	117.5	5.07 m 5.09 m
OH	—	2.57 d (2.5)
OCH_3	54.4	3.64 s
$ArOCH_3$	55.5	3.84 s
$ArOCH_3$	55.6	3.85 s

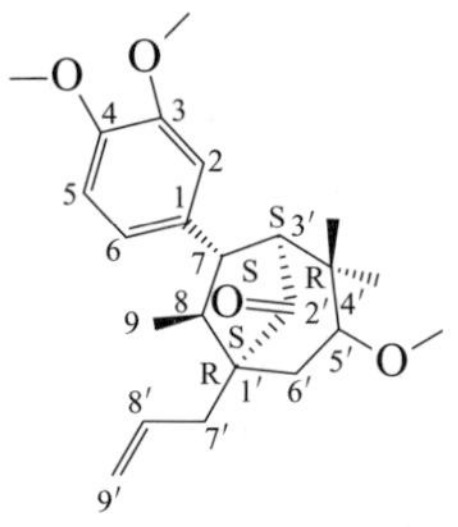

图 4-45　山药醇的化学结构式

四十二、burchellin

白色无定形粉末(丙酮)，分子式为 $C_{20}H_{20}O_5$。mp 147～149℃，$[\alpha]_D^{28}$ +42°(c0.01，$CHCl_3$)。UV（EtOH）λ_{max}（nm）：260，288。IR（KBr）ν_{max}（cm^{-1}）：1655，1612，1490，1448，1382，1246，1160，1037，935。EI-MS m/z：340，310，299，267，239，162，149，117，91，77。^{1}H-NMR ($CDCl_3$)：δ1.16(3H，d，J=6.9Hz，CH_3-9)，2.28(1H，dq，J=9.5Hz，6.9Hz，H-8)，2.34 (1H，dd，J=13.0Hz，6.8Hz，H-7′a)，2.55(1H，dd，J=13.0Hz，6.8Hz，H-7b′)，3.68 (3H，s，CH_3O-5′)，5.01(1H，dd，J=16.5Hz，1.5Hz，H-9′a)，5.08 (1H，dd，J=9.5Hz，1.5Hz，H-9′b)，5.17(d，J=9.5Hz，H-7)，5.43 (1H，s，H-3′)，5.55(1H，m，H-8′)，5.79(1H，s，H-6′)，5.97(2H，s，OCH_2O)，6.75～6.83(3H，m，H-2，H-5，H-6)。^{13}C-NMR($CDCl_3$)：δ8.4(q，C-9)，36.7(t，C-7′)，49.5(d，C-8)，51.0 (s，C-1′)，55.3 (q，CH_3O-5′)，91.0(d，C-7)，101.3(t，OCH_2O)，102.1(d，C-3′)，106.6 (d，C-2)，107.9 (d，C-5)，108.2 (d，C-6′)，120.2 (t，C-9′)，120.6 (d，C-6)，130.8 (d，C-8)，131.5(s，C-1)，148.2，148.3(s，C-3,4)，153.5 (s，C-5′)，181.5(s，C-2′)，182.8(s，C-4′)。以上数据与文献潘云雪、李节萌对照一致，故鉴定该化合物为 burchellin，化学结构式如图 4-46 所示。

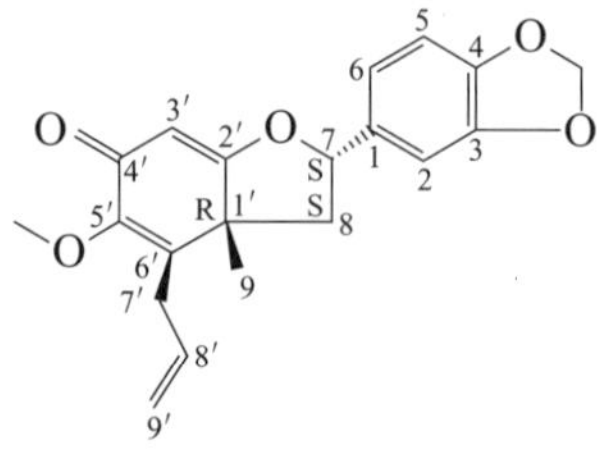

图 4-46　burchellin 的化学结构式

四十三、黎芦酸

化合物为白色小针状结晶(醋酸乙酯)，mp 178～180℃，紫外灯下呈紫色荧光，喷显色剂后不显色，喷 2% $FeCl_3$、乙醇溶液显黄色。HR-MS 给出分子式 $C_9H_{10}O$，测得分子量为 182.0573(计算值 182.0579)。EI-MS *m/z*(相对丰度/%)：182 (M^+，100)，167(33.2)，111(25.4)，77(20.7)，51(18.2)。^1H-NMR($CDCl_3$)：δ9.58 (1H，br，COOH)，7.78 (1H，dd，*J* = 1.5Hz，8.5Hz，H-1)，7.58(1H，d，*J* = 1.5Hz，H-3)，6.86(1H，d，*J* = 8.5Hz，H-6)，3.95(6H，s，4，5-OMe)。以上数据与文献周亮、朱耕新对照一致，故鉴定该化合物为黎芦酸，化学结构式如图 4-47 所示。

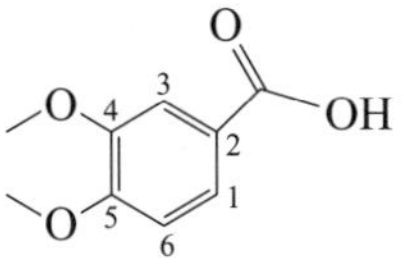

图 4-47　黎芦酸的化学结构式

参　考　文　献

[1] Horacio A, Priestap. Seven Aristololactams from *Aristolochia argentina* [J]. Phytochemistry, 1985, 24 (4): 849.

[2] 朱义香．景洪哥纳香叶中的生物碱类成分研究 [J]. 中草药，2000，31 (11)：8-13.

[3] 赵云，阮金兰，蔡亚玲．石南藤中马兜铃内酰胺类化学成分研究 [J]. 中药材，2005，28 (3)：191-192.

[4] 彭国平，楼凤昌，赵守训，等．管花马兜铃化学成分的研究 [J]. 药学学报，1995，30 (7)：521-525.

[5] 余冬蕾，郭剑，廖永红，等．紫玉盘中的新内酰胺 [J]. 植物学，1999，41 (10)：1104-1107.

[6] Cao S G, Wu X H, Sim K Y, et al. Styryl-lactonederivatives and alkaloids from *Goniothalamus borneensis* [J]. Tetrahedron, 1998, 54: 843-845.

[7] 郑宗平，梁敬钰，胡立宏．瓜馥木活性成分研究 [J]. 中国天然药物，2005，3 (3)：151-154.

[8] Juan C. The intramolecular Aryne cycloaddition approach to aporphinoids. A new total synthesis of Aristolactams and Phenanthrene Alkaloids [J]. Tetrahedron, 1995, 51 (39): 10801-10810.

[9] Ghosh K, Bhattacharya T K. Chemical constituents of *Piper betle* Linn [J]. (Piperaceae) roots. Molecules, 2005, 10: 798-802.

[10] 向瑛，郑庆安，张灿奎，等．刺异叶花椒中的生物碱和香豆素类成分 [J]. 武汉植物学

研究，2000，18（2）：143-145.
[11] 黄量，于德泉．紫外光谱在有机化学中的应用（下册）［M］．北京：科学出版社，1988：1- 498.
[12] 朱伟明，尹成芳，工颂，等．美飞蛾藤植物中的化学成分［J］. 天然产物开发研究，2001，13（5）：1-3.
[13] 达娃卓玛，周燕，白央，等．绵头雪莲花的化学成分研究［J］. 中国中药杂志，2008，33（9）：1032-1035.
[14] 张卫东，孔德云，李惠庭，等．灯盏花的化学成分研究Ⅲ［J］. 中国医药工业杂志，2000，31（8）：347.
[15] Zhou G X，Hui Y H，Rupprecht K，et al. Additional bioactive compounds and trilobacin，a novel highly cytotoxic acetogenin，form the bark of *Asimina*［J］. The Journal of Natural Product，1992，55：347.
[16] 王明安，王明奎，彭树林．青檀树皮中的化学成分［J］. 天然产物研究与开发，2001，13（6）：5-8.
[17] 高广春，吴萍，曹洪麟．金钟藤中酚类化合物的研究［J］. 热带亚热带植物学报，2006，14（3）：233- 237.
[18] Attaur R，Bhatti M K，Akhtar F，et al. Alkaloids of *Fumaria indica*［J］. Phytochemistry，1992，31（8）：2869-2872.
[19] Kiuchi F，Nakamura N，Tsuda Y，et al，Studies on crude drugs effective on viseceral larva migrans，Ⅳ. isolation and identification of larvicidal principles in *Piper*［J］. Chim Pharm Bull，1988，36（7）：2452-2465.
[20] Banerji A，Bandyopadhyay D，Sarkar M，et al. Structural and synthetic studies on the Retrofractamides-Amide constitutes of *Piper retrofractum*［J］. Phytochemistry，1985，24：279.
[21] Parmar V S，Sinha R，Shakil N A. An insecticidal amide from *Piper falconeri*［J］. Indian Journal of Chemistry，1993，32B：392-395.
[22] Zhou G X，Hui Y H，Rupprecht K，et al. Additional bioactive compounds and trilobacin，a novel highly cytotoxic acetogenin，form the bark of *Asimina*［J］. The Journal of Natural Product，1992，55：347.
[23] 李书明，韩桂秋．山蒟化学成分研究［J］. 药学学报，1987，22（3）：196-262.
[24] Burden R S，Crombie L. Amides of vegetable origin Part Ⅻ. A new series of alka-2，4-dienoityramine-amides from *Anacyclus pryrethrum* D. C.（Corapositae）［J］. Journal of the Chemical Society（C），1969，27-47.
[25] Banerji A. Isolation of N-isobutyl deca-trans-2-trans-4-dienamide from *Piper sylvaticum* Roxb［J］. Experientia，1974，30（3）：223-224.
[26] Rodrigues S D，Baroni S，Svidzinski A E，et al. Anti-inflammatory activity of the extract，fractions and amides from the leaves of *Piper ovatum* Vahl（Piperaceae）［J］. Journal of Ethnopharmacology，2008，116（3）：569-573.
[27] Wu T S，Ou L F，Teng C M. Aristolochic acids，aristolactam alkaloids and amides from

Aristolochia kankauensis [J]. Phytochemistry, 1994, 36 (4): 1063-1068.
[28] 陈泽乃，徐佩娟．海风藤中巴豆环氧素的衍生物研究 [J]. 药学学报，1993，28 (11)：876-880.
[29] 李书明，韩桂秋．山蒟化学成分研究 [J]. 药学学报，1987，22 (3)：293-296.
[30] Kupchan S M, Hemingway R J, Smith R M. Tumor inhibitors XLV Crotepoxide, a novel cyclohexane. diepoxide tumor inhibitor from *Croton macrostachys*. The Journal of Organic [J]. Chemistry, 1969, 34: 3898-3902.
[31] 吴彤，孔德云，李惠庭．藤香树中二个新的脂肪硝基酚苷的鉴定 [J]. 药学学报，2004，39 (7)：534-537.
[32] Miyase T, Ueno A, Takizawa N, et al. Lonone and lignan glycosides from *Epimedium-diphyllum* [J]. Phytochemistry, 1989, 28 (12): 3483-3485.
[33] 郑晓珂，刘云宝，李军，等．石胆草中的一个新苯乙醇苷 [J]. 药学学报，39 (9)：716-718.
[34] Calis I, Saracoglu I, Basaran A A, et al. Two phenethyl alcohol glycosides from *Scutellaria orientalis*. subsp. Pinnatifida [J]. Phytochemistry, 1993, 32 (6): 1621-1623.
[35] 韩桂秋，李书明，李长龄．山药新木脂素成分的研究 [J]. 药学学报，1986，21 (5)：361-365.
[36] 潘云雪．扬子毛茛和大叶槖吾两种药用植物的化学成分 [D]．杭州：浙江大学，2004.
[37] Ding D D, Wang Y H, Chen Y H, et al. Amides and neolignans from the aerial parts of *Piper bonii*. Phytochemistry, 2016, 139: 36-44.
[38] Iida T. Neolignans from *Magnolia denudata*. Phytochemistry. 1980, 21 (12): 2939-2941.
[39] 韩桂秋，魏丽华，李长龄，等．石南藤、山药活性成分的分离和结构鉴定 [J]. 药学学报，1989，24 (6)：438-443.
[40] 段书涛．石南藤化学成分的研究 [D]．上海：复旦大学，2009.
[41] 雷海鹏，陈显强，乔春峰．山蒟藤茎化学成分研究 [J]. 中药材，2014，37 (1)：69-71.
[42] Rathee J S, Patro B S, Mula S, et al. Antioxidant activity of *Piper betel leaf* extract and its constituents [J]. Journal of Agriculture and Food Chemistry, 2006, 54: 9046-9054.
[43] 靳涛．大叶蒟叶的化学成分研究 [D]．上海：上海医药工业研究院，2005.
[44] 曲玮，吴斐华，李娟，等．鱼腥草中生物碱类成分及其抗血小板聚集活性 [J]. 中国天然药物，2011，9 (6)：425-428.
[45] 陈少丹，高昊，卢传坚．鱼腥草中生物碱和酰胺类成分的研究 [J]. 沈阳药科大学学报，2013，30 (11)：846-850.
[46] Yang X N. Chemical Constituents from the Stems of *Uvaria microcarpa* [J]. Chinese Journal of Natural Medicines, 2009, 7 (4): 287-289.
[47] Lee G C, Lim S K, Lim K C M, et al. Alkaloids and Carboxylic Acids from *Piper nigrum* [J]. Asian Joural of Chemistry, 2008, 8: 5931-5940.
[48] 周亮．黄三七、山蒟化学成分及生物活性的研究 [D]．北京：中国协和医科大学研究生院，2004.
[49] 李书明，韩桂秋，等．山蒟化学成分研究（Ⅱ）[J]. 药学学报，1987，22 (3)：

196-202.

[50] Jacobs H, Seeram N, Nair M, et al. Amides of *Piper amalago* var. nigrinodum. J. Indian. Chem. Soc. 1999, 76 (11): 713-717.

[51] 黄相中，尹燕，黄文全．蒌叶茎中生物碱和木脂素类化学成分研究［J］．中国中药杂志，2010，35（17）：2285-2288.

[52] Xavier J, Emidio V L, Maria C, et al. Piperdardine, a piperidine alkaloid from *Piper tuberculatum*. Phytochemistry, 1997, 28 (19): 559-561.

[53] 朱芸，戴云，黄相中，等．蒌叶的化学成分研究［J］．云南中医中药杂志，2010，31（9）：56-58.

[54] Marcus A M, Rodriguez E. Piscicidal properties of piperovatine from *Piper piscatorum*. J. Fthno, 1998, 60 (2): 183-187.

[55] 孙明谦．甘草中化学成分的研究［D］．长春：吉林大学，2006.

[56] 曾诠，刘成基，孟宝华．黄毛豆腐柴茎皮乙酸乙酯部分的化学成分研究［J］．中草药，1990，21（5）：8-10.

[57] Greca M D, Monaco P, Previtera L. Stigmasterols from *Typha Latifolia* [J]. J. Nat. Prod, 1990, 53 (6): 1430-1435.

[58] 赵春超．凤眼草和蓬子菜化学成分及生物活性研究［D］，沈阳：沈阳药科大学，2007.

[59] 段书涛，张鹏，俞培忠．石南藤中木脂素和新木脂素成分的研究［J］．中国中药杂志，2010，35（2）：180-182.

[60] 周亮，杨峻山，涂光忠．山蒟化学成分的研究［J］．中国药学杂志，2005，40（3）：184-185.

[61] 朱耕新，张涵庆．铜山阿魏根化学成分的研究［J］．中国药科大学学报，1996，27（10）：585-588.

第五章

山蒟提取物杀虫活性

第一节　山蒟提取物对家蝇、白纹伊蚊和致倦库蚊的活性

一、材料与方法

1. 供试材料

供试植物材料山蒟全株于2007年10月采集自福建省武夷山（光泽，猴子山）等地。

家蝇（*Muscadomestica* Linaeus）、白蚊伊蚊（*Aedes albopictus* Skuse）、致倦库蚊（*Culex pipiens quinquefasciatus*）试虫均引自广东省卫生防疫站。家蝇幼虫饲料配方为：麦麸250.0g、面粉12.5g、奶粉8.0g、酵母粉2.5g和水500mL（配方可以理解为一种比例关系，可以放大或缩小）；成虫饲料为：蔗糖、奶粉、水（没有比例关系，分别放置）。面粉、麦麸、奶粉以及酵母均为市售。幼虫饲料加入直径10cm的培养皿中，放入家蝇成虫饲养笼中，每天定时取出，卵1～2d孵化，幼虫发育成老熟幼虫化蛹需要6～8d，化蛹后，把蛹转移至养虫笼中，3～5d后即可羽化，取羽化后3d的成虫供试。养虫室的相对湿度75%，温度（25±1）℃，光周期14L∶10D。

白纹伊蚊卵放入水中（水需提前静置至少24h脱氯），幼虫饲以酵母片，化蛹后蛹收集转移至脱氯自来水中，羽化后成虫饲以5%的葡萄糖水，羽化后5d在纱笼内挂一小白鼠供成虫吸血，白蚊伊蚊产卵于纱笼中烧杯所盛水中（具体做法是：把烧杯装满水，其中放入一个漏斗，漏斗中放置滤纸）。每天定时取出滤纸，卵在水中一般约24h后即可孵化为幼虫，白蚊伊蚊的卵在滤纸上晾干后可在冰箱中5℃保存1～2个月，待需要时放入水中即可孵化。幼虫期8～10d，在6d约为4龄，取出4龄幼虫供试。

致倦库蚊的饲养方法和白纹伊蚊基本一致，只是卵收集后不能储藏，所收集的卵只能连续接代饲养。

2. 植物材料的提取

采用冷浸提法，将采集的山蒟阴干，烘箱中65℃烘3h，粉碎，粉碎后干粉称取300g，置于2000mL试剂瓶中，然后加入干粉质量5倍的分析纯甲醇于

避光处浸泡，以一天早、中、晚三次对浸泡液进行上下翻动。3d后抽滤，残渣再加入甲醇继续浸泡，反复三次，滤液在60℃减压蒸馏浓缩，即得到甲醇初提取浸膏，合并三次浸提膏，置于4℃冰箱内保存备用。

把上述浸膏进行萃取分离，山蒟经萃取分为：石油醚相、氯仿相、乙酸乙酯相、正丁醇相、水相。

3. 生物测定

（1）山蒟不同萃取相对家蝇成虫的胃毒毒杀活性测定

① 萃取相药液的配制　每个萃取相称取0.10g，放入100mL容量瓶中，加丙酮定容至100mL，超声波处理10min，增加其溶解度。

② 毒杀活性的测定　称取1.00g白砂糖于直径2.5cm、高7.5cm的平底试管中，取1mL配置好的药液均匀注入平底试管中，药液刚好漫过试管底部白砂糖，置于风扇下吹12h，使丙酮挥发。抓取家蝇羽化后3d成虫，用乙醚麻醉，视家蝇倒下，迅速计数接入大试管中，每处理重复3次，每次重复15头家蝇，丙酮处理蔗糖作空白对照。试管口部用纱布蒙上，并且在纱布外加一吸水海绵条供家蝇成虫取水。于处理后12h、24h、36h统计结果。

（2）石油醚相对家蝇成虫不同处理时间段LC_{50}的测定　采用对半稀释的方法配制石油醚萃取物分别至10mg/mL、5mg/mL、2.5mg/mL、1.25mg/mL、0.625mg/mL五个质量浓度，分别处理12h、24h、36h。活性测定方法参照（1）。

（3）对照药剂鱼藤酮对家蝇的LC_{50}测定　采用对半稀释的方法配制鱼藤酮浓度分别为0.40mg/mL、0.20mg/mL、0.10mg/mL、0.050mg/mL、0.0250mg/mL。活性测定方法参照（1）。

（4）对致倦库蚊和白纹伊蚊4龄幼虫的LC_{50}测定

① 植物材料甲醇浓缩提取浸膏的药液配制

a. 致倦库蚊　取0.15g提取物溶于3mL丙酮，以丙酮定容至10mL即为母液，超声波处理10min增加其溶解度。母液对半稀释配成5个浓度梯度，各取1mL母液加水定容至1000mL，药液浓度分别为15.00μg/mL、7.50μg/mL、3.75μg/mL、1.875μg/mL、0.9375μg/mL；对照为1mL丙酮以水定容至1000mL。

b. 白纹伊蚊　取0.25g提取物，配制方法同致倦库蚊，最终得到25.00μg/mL、12.50μg/mL、6.25μg/mL、3.125μg/mL、1.5625μg/mL五个质量浓度。

② 毒杀活性测定　20mL药液转移入50mL烧杯，每个处理重复3次，每个烧杯放入发育一致的4龄幼虫，每次重复30头幼虫，于处理后12h统计结

果，计算平均校正死亡率。

(5) 对照药剂鱼藤酮对白纹伊蚊和致倦库蚊的 LC_{50} 测定

① 对白纹伊蚊鱼藤酮药液的配制　取鱼藤酮 0.5g 溶于 10mL 丙酮中，对半稀释 5 个浓度，各取 1mL 母液加水定容至 1000mL，药液浓度分别为 50.00μg/mL、25.00μg/mL、12.50μg/mL、6.25μg/mL、3.125μg/mL。

② 对致倦库蚊鱼藤酮药液的配制　取鱼藤酮 0.15g 溶于 10mL 丙酮中，对半稀释 5 个浓度，取 1mL 母液加水定容至 1000mL，药液浓度分别为 15.00μg/mL、7.50μg/mL、3.75μg/mL、1.875μg/mL、0.975μg/mL。

活性测定方法同 (4)。

(6) 数据处理

① 死亡率(%)=(死亡虫数/总虫数)×100

② 校正死亡率(%)=[(处理死亡率－对照死亡率)/(1－对照死亡率)]×100

③ DPS v7.05 版软件统计分析不同处理间的差异显著性 (Duncan's 新复极差测定法)。

④ 毒力测定分析采用张志祥等毒力回归分析方法。

二、结果与分析

1. 山药不同萃取相对家蝇的毒杀活性测定

如表 5-1 所示，在处理 12h 后，石油醚萃取相毒杀活性明显，活性达到 86.66%，其次是乙酸乙酯萃取相，活性 13.33%，其他溶剂萃取提取物活性不明显；处理 24h 后，石油醚萃取相活性是 90.00%，其他的依次是乙酸乙酯相 26.66%、正丁醇相 23.33%、水相 20.00%、氯仿相 10.00%。从以上数据可以看出，24h 的活性顺序是石油醚＞乙酸乙酯＞正丁醇＞水＞氯仿，山药的活性化合物主要分布在石油醚萃取相。

表 5-1　山药萃取物对家蝇的毒杀活性

萃取物	12h 校正死亡率/%	24h 校正死亡率/%
石油醚相	86.66±6.66a①	90.00±5.77a
氯仿相	3.33±3.33b	10.00±5.77b
乙酸乙酯相	13.33±3.33b	26.66±8.81b
正丁醇相	3.33±3.33b	23.33±8.81b
水相	3.33±3.33b	20.00±5.77b

① 表中同列数据后小写字母相同者表示在 5%水平上差异不显著 (DMRT 法)，表中数据为平均值±S.E.。

2. 石油醚相萃取物在不同时间段处理家蝇成虫的LC_{50}

如表5-2所示，石油醚萃取提取物梯度处理家蝇成虫12h后，测得LC_{50}为1.4000mg/mL，处理24h后的LC_{50}为0.5000mg/mL，处理36h后的LC_{50}为0.2000mg/mL，可见随着时间的增加有效致死中浓度在下降，山蒟对家蝇的作用有一定的持效性。从12h就有很好的活性看，山蒟有快速击倒的活性，与经典植物源农药鱼藤酮相比，在处理36h后，山蒟的LC_{50}是鱼藤酮的2.5倍，活性稍弱于鱼藤酮。

表5-2　石油醚相萃取物在不同时间段对家蝇成虫的毒力

时间	毒力回归方程	相关系数	LC_{50}/(mg/mL)	95%置信区间
12h	$y=14.0272+3.1542x$	0.9967	1.4000	0.0011～0.0017
24h	$y=16.1546+3.4178x$	0.9688	0.5000	0.0002～0.0008
36h	$y=12.5535+2.0489x$	0.9489	0.2000	0.0000～0.0005
鱼藤酮	$y=7.6699+2.4478x$	0.9827	0.0800	0.0600～0.1100

3. 石油醚相萃取物对白纹伊蚊和致倦库蚊4龄幼虫的LC_{50}

从表5-3数据可以看出，山蒟甲醇提取物石油醚萃取相对致倦库蚊的LC_{50}为2.4127μg/mL，与鱼藤酮对致倦库蚊的3.1727μg/mL相比，山蒟对致倦库蚊的活性略高于鱼藤酮活性。山蒟对白纹伊蚊的LC_{50}为10.5163μg/mL，鱼藤酮对白纹伊蚊的LC_{50}为21.5100μg/mL，山蒟对白纹伊蚊的活性约相当于鱼藤酮的2倍。总之山蒟无论对白纹伊蚊或致倦库蚊都有良好的毒杀活性。

表5-3　石油醚相萃取物处理致倦库蚊、白纹伊蚊12h的LC_{50}

供试对象	毒力回归方程	相关系数	LC_{50}/(μg/mL)	95%置信区间
致倦库蚊	$y=3.7353+3.3064x$	0.9384	2.4127	1.8316～2.9624
白纹伊蚊	$y=1.4470+3.4770x$	0.9405	10.5163	6.748～30.8064
鱼藤酮(致倦库蚊)	$y=3.3612+3.2700x$	0.9656	3.1727	2.6212～3.9856
鱼藤酮(白纹伊蚊)	$y=2.9437+1.5431x$	0.9835	21.5100	14.70～31.46

三、讨论

在研究对比山蒟石油醚相和标准药剂鱼藤酮对家蝇、致倦库蚊、白纹伊蚊

LC_{50}的影响后，得出山蒟甲醇提取物石油醚萃取相对家蝇的活性稍低于鱼藤酮的活性，山蒟甲醇提取物石油醚萃取相对致倦库蚊、白纹伊蚊的活性稍大于鱼藤酮的活性，但山蒟是甲醇提取物的石油醚萃取相，里面是很多杂质和活性化合物的混合物，鱼藤酮是纯度达98%的化合物，山蒟的综合杀虫活性应该高于鱼藤酮的活性，这有待活性跟踪分离与对比活性试验验证。

本研究对山蒟的杀虫活性进行了活性筛选和萃取相的活性测定，报道了山蒟的杀虫活性，但研究仅限于石油醚相萃取物等混合物的研究，建议进行山蒟的活性跟踪分离研究，研究农药的先导化合物。

山蒟的杀虫活性高，全株都可以利用，是中药海风藤的替代品。植物源农药在环境中都有比较顺畅的降解途径，推测应该对人类、环境安全，但其对人类、环境的具体影响还需进一步研究。

山蒟杀虫活性研究的供试虫源主要是卫生害虫，对其他作物害虫的杀虫效果还需要进一步研究，以测定山蒟的杀虫谱。

第二节 山蒟对椰心叶甲的毒杀活性

一、椰心叶甲简介

椰心叶甲［*Brontispa longissima*（Gestro）］属鞘翅目（Coleoptera）铁甲科（Hispidae），*Brontispa* 属，在我国被列为禁止进境的二类危险性昆虫和林业检疫性有害生物。该虫于2002年首次入侵我国海南，目前已遍及海南省18个市县，给海南省椰子、槟榔及其他棕榈科植物带来严重损失，同时也破坏了中国热带亚热带地区的生态安全屏障及自然景观，已经演变为一种新的生态环境灾害，并对广西、云南、贵州、福建等省和自治区具有扩散危害的潜在可能性。目前，椰心叶甲的防治主要采用常规化学农药，研究山蒟对椰心叶甲的生物活性，可为椰心叶甲的防治提供新的思路和方法。

二、材料与方法

1. 试验材料

（1）供试昆虫　椰心叶甲由中国热带农业科学院环境与植物保护研究所入

侵害虫课题组提供。实验时选取大小一致、健康活泼的5龄幼虫，化蛹5天的成虫，1日龄健康完整的虫卵作材料。

（2）实验药品

① 山蒟甲醇提取物　由2007年采自福建武夷山的山蒟植物经烘干、粉碎、甲醇浸泡、抽滤、浓缩、石油醚萃取得到，置于0℃冰箱保存备用。

② 参比药剂鱼藤酮　纯度＞98%，由Aladdin试剂公司提供，置于0℃冰箱保存备用。

2. 试验方法

（1）幼虫毒杀实验　采用浸叶法，山蒟及鱼藤酮分别用丙酮配制成10 mg/mL、7.5 mg/mL、5mg/mL、2.5mg/mL、1.25mg/mL 5个质量浓度，将椰子叶片分别放入各供试药液中浸渍3s后取出放吸水纸上晾干，然后将个体大小一致的椰心叶甲5龄幼虫放入装有处理叶片的培养皿中，培养皿放置吸水脱脂棉保湿，置于培养箱［T：(25±1)℃，RH＝70%～80%］培养。丙酮处理作空白对照，每处理重复3次，每次重复20头试虫。分别于24h和48h统计死虫数，以毛笔轻触虫体，以完全不动者视为死亡，计算死亡率和校正死亡率。

（2）成虫毒杀实验　采用浸叶法，将山蒟及鱼藤酮分别用丙酮配制成20mg/mL、15mg/mL、12.5mg/mL、10mg/mL、7.5mg/mL 5个质量浓度，椰子叶分别放入各供试药液中浸渍3s后取出放吸水纸上晾干，然后将个体大小一致的椰心叶甲成虫放入装有处理叶片的培养皿中，培养皿放置吸水脱脂棉保湿，置于培养箱［T：(25±1)℃，RH＝70%～80%］培养。以丙酮作空白对照，每处理重复3次，每次重复20头试虫。以毛笔轻触虫体，以完全不动者视为死亡，分别于24h和48h统计死虫数，计算死亡率和校正死亡率。

（3）杀卵作用　采用浸卵法，用细毛笔将1日龄卵挑出，用0.5%聚乙烯醇将卵粘到准备好的叶片上，每个叶片不少于50粒，待聚乙烯醇干燥后分别在浓度为20mg/mL、10mg/mL、5mg/mL、2.5mg/mL、1.25mg/mL的山蒟及鱼藤酮丙酮溶液中浸5s取出置滤纸上，待丙酮挥发完全后，放入内垫湿滤纸的培养皿中，放入培养箱内让其孵化。以丙酮为空白对照，每处理重复3次，每次重复不少于50粒卵。卵将孵化时，放入新鲜椰子叶片供孵化的幼虫取食，7d后统计各处理卵孵化数及1龄末幼虫存活数，计算对卵孵化的抑制率，卵孵化到1龄幼虫杀灭率。

（4）数据处理

① 死亡率(%)＝(死亡虫数/总虫数)×100

② 校正死亡率(%)＝[(处理死亡率－对照死亡率)/(1－对照死亡率)]×100

③ DPS v9.05 版统计分析软件中的计数型数据机值分析方法计算毒力回归方程。

三、结果与分析

1. 毒杀幼虫

如表 5-4 所示，山蒟石油醚甲醇提取物对椰心叶甲 5 龄幼虫具有很强的毒杀作用，在处理 24h 和 48h 后，其 LC_{50} 值分别为 5.4944mg/mL、3.8710mg/mL。标准对照药剂鱼藤酮 24h 和 48h 的 LC_{50} 分别为 3.7480mg/mL、2.0568 mg/mL。由以上数据可知山蒟对椰心叶甲 5 龄幼虫的防治效果接近于鱼藤酮的防治效果，二者随时间增加其 LC_{50} 都有所减小，表明二者都有一定的持效性。

2. 毒杀成虫

如表 5-4 所示，山蒟对椰心叶甲成虫也有一定的毒杀作用。山蒟对椰心叶甲的毒力回归方程计算可知，24h 和 48h 山蒟对椰心叶甲成虫的 LC_{50} 分别为 14.2463mg/mL 和 11.4965mg/mL，鱼藤酮的 LC_{50} 分别为 10.9433mg/mL 和 8.7658mg/mL，从以上数据可以看出，山蒟甲醇提取物对椰心叶甲成虫的活性接近鱼藤酮的活性。但从总体来看，山蒟和鱼藤酮对椰心叶甲幼虫活性强于对成虫活性，山蒟防治椰心叶甲重点放在幼虫期效果比较好。

表 5-4　山蒟对椰心叶甲 5 龄幼虫和成虫的毒杀作用

虫态	药剂	处理时间	毒力回归方程	相关系数	LC_{50} /(mg/mL)	95%置信区间
幼虫	山蒟	24	$y=1.2738x+4.0575$	0.9906	5.4944	4.2126～7.8316
		48	$y=1.4838x+4.1278$	0.9875	3.8710	3.0171～4.9025
	鱼藤酮	24	$y=1.2412x+4.2878$	0.9932	3.7480	2.7538～4.9578
		48	$y=1.4561x+4.5440$	0.9771	2.0568	1.3188～2.7197
成虫	山蒟	24	$y=2.5965x+2.0044$	0.9808	14.2463	12.4114～17.4423
		48	$y=2.7688x+2.0635$	0.9858	11.4965	9.8460～13.0971
	鱼藤酮	24	$y=2.4749x+2.4283$	0.9826	10.9433	9.1103～12.5331
		48	$y=2.9260x+2.2410$	0.9783	8.7658	6.8722～10.0793

3. 杀卵作用

如表 5-5 所示，山蒟处理椰心叶甲卵 7d，对卵孵化抑制的 LC_{50} 为

4.7685mg/mL，活性甚至高于鱼藤酮（LC_{50}为6.4130mg/mL）；卵孵化后发育到1龄结束，山蒟的综合抑制活性LC_{50}为3.7667mg/mL，高于鱼藤酮（LC_{50}为5.0771mg/mL）。综合分析，山蒟对椰心叶甲卵的活性强于鱼藤酮的活性，其中对幼虫活性＞卵活性＞成虫活性，所以山蒟对椰心叶甲的防治应重点放在卵和幼虫期，效果比较明显。

表5-5 山蒟对椰心叶甲卵的毒杀作用

药剂	卵处理后影响	毒力回归方程	相关系数	LC_{50} /(mg/mL)	95%置信区间
山蒟	卵孵化	$y=1.4389x+40239$	0.9950	4.7685	3.9950～5.6722
	卵至1龄末	$y=1.6520x+4.0485$	0.9883	3.7667	3.1591～4.4121
鱼藤酮	卵孵化抑制	$y=1.1312x+4.0870$	0.9824	6.4130	5.1737～8.1720
	卵至1龄末	$y=1.2906x+4.0893$	0.9872	5.0771	4.1653～6.1972

四、结论与讨论

在防治病虫草害的同时，尽量减小对环境的影响是今后病虫草害防治发展的方向。在椰心叶甲防治过程中，对害虫选择性高，安全性好，对非靶标昆虫和人畜很少或没有影响的农药将逐渐代替高毒的杀虫剂品种；在环境中无残留，易于降解，不易积累，污染小的生物农药将逐渐代替化学农药。

山蒟是一种传统中药，近年来研究发现其对PAF受体活性强，选择性高，PAF是近年来发现的一种内源性脂类介质，它与血小板活化聚集、风湿、过敏性休克等密切相关，同时还具有显著的镇痛和抗炎、改善血流动力学、增加冠脉流量、改善心肌缺血和提高心肌耐缺氧的能力。山蒟属胡椒科植物，已有一些科研工作者证明胡椒科植物具有良好杀虫活性，Park等研究表明*Piper nigrnm*果实甲醇提取物对淡色库蚊（*Culex pipiens pallens*）、埃及伊蚊（*Aedes aegypti*）和*Aedes togoi*的3龄幼虫有较强杀虫活性。Yang等研究发现荜拨（*piper lorgum*）果实甲醇提取物中的已烷组分对埃及伊蚊4龄幼虫有强烈的生物活性。Srivastava等以*Spilarctia oblignа*为试虫，发现源于胡椒科*Piper mullesua*的主要成分木脂素sesamin对埃及伊蚊4龄幼虫具有显著拒食活性以及中等强度的生长发育抑制作用。上节的研究发现山蒟甲醇提取物对家蝇（*Muscadomestica* Linaeus）、白蚊伊蚊（*Aedes albopictus* Skuse）、致倦库蚊（*Culex pipiens quinquefasciatus*）具有强烈杀虫活性。

本研究从开发植物源农药的角度系统研究了山蒟对椰心叶甲的活性，通过与经典植物源杀虫剂鱼藤酮对比，证明了山蒟粗提取物对椰心叶甲成虫、幼虫及卵都有较好活性。对椰心叶甲5龄幼虫和成虫处理48h后，其LC_{50}分别为3.8710mg/mL和11.4965mg/mL，与98%鱼藤酮的LC_{50}（2.0568mg/mL、8.7658mg/mL）相比，相差甚微，说明山蒟的活性稍低于鱼藤酮活性。但供试药剂山蒟为甲醇提取物的石油醚萃取相，成分复杂，活性化合物含量一般较低，对照药剂鱼藤酮为98%含量的纯品，故推测山蒟对椰心叶甲5龄幼虫和成虫的活性要优于鱼藤酮。实验同时发现山蒟对椰心叶甲卵也有较好的毒杀作用，山蒟石油醚萃取相对卵的活性（LC_{50}为4.7685mg/mL）高于98%鱼藤酮（LC_{50}为6.4130mg/mL）。山蒟一方面可以控制椰心叶甲的幼虫、成虫种群数量，同时可以通过毒杀虫卵，影响椰心叶甲卵的孵化率及幼虫的成活率，进而影响椰心叶甲种群数量，因此，利用山蒟防治椰心叶甲具有广阔的应用前景。用植物源农药代替部分化学农药防治椰心叶甲，对于椰子这种集观赏和食用于一体的作物具有特别的意义。

第三节　山蒟对斜纹夜蛾和香蕉花蓟马的毒杀活性

一、斜纹夜蛾和香蕉花蓟马简介

斜纹夜蛾［*Spodoptera litura*（Fabricus）］属鳞翅目（Lepidoptera）夜蛾科（Noctuidae），是一种暴食性、杂食性、世界性分布的害虫，可为害多种作物。对十字花科蔬菜、水生蔬菜及甘薯、棉花、大豆、烟草等作物的危害尤为严重。20世纪90年代起，该虫重发频率上升，常造成作物减产，失去商品价值，甚至绝收。

香蕉花蓟马［*Thripshawaiiensis*（Morgan）］属缨翅目锯尾亚目蓟马科，是香蕉上重要的害虫之一，在中国海南、广东、广西、云南、台湾、福建等省（自治区）均有发生，且近年来在海南省香蕉产区暴发严重，主要以雌成虫产卵于幼嫩的花蕾和果实内为害，受害的香蕉果实表现为果皮组织增生、木栓化，后期呈突起小黑斑，严重时影响果实外观品质。目前生产上主要采用化学方法防治。

二、材料与方法

1. 试验材料

（1）供试昆虫

① 斜纹夜蛾　由海南大学环境与植物保护学院实验室培养提供，实验时选取1日龄健康完整的虫卵，大小一致、健康活泼的3龄幼虫，同一批健康的蛹和羽化不久的健康的成虫。

② 香蕉花蓟马　在海南大学儋州校区农学院基地香蕉种植地采集，实验时取健康活泼的若虫和成虫。

（2）试验药品

① 山蒟提取物　由实验小组成员用甲醇浸泡、抽滤、浓缩得到。再经石油醚萃取得到石油醚萃取相，准确称取200mg，丙酮定容至20mg/mL，置于0℃冰箱保存。实验时梯度稀释到所需浓度。

② 参比药剂鱼藤酮　纯度＞98％，由Aladdin试剂公司提供，准确称取200mg，用丙酮定容至20mg/mL，置于0℃冰箱保存。实验时梯度稀释到所需浓度。

2. 试验方法

（1）毒杀斜纹夜蛾卵作用　采用浸卵法，取定容好的山蒟提取物20mL梯度对半稀释到10mg/mL、5mg/mL、2.5mg/mL、1.25mg/mL、0.625mg/mL的质量浓度，用细毛笔将1日龄卵挑出，并用0.5％聚乙烯醇将卵粘到准备好的木薯叶上，每个叶片不少于150粒，待聚乙烯醇干燥后将叶片放入5个不同浓度的溶液中浸5s，取出置滤纸上，待丙酮挥发后放入垫有湿滤纸的培养皿中，放入培养箱内让其自然发育。用相同方法以5个同等浓度的鱼藤酮为药物对照，以丙酮为空白对照，每个处理重复三次。每天清除掉已孵化的幼虫，待不再有幼虫出现后，检查未出卵粒数，计算未孵化率及LC_{50}。

（2）毒杀斜纹夜蛾3龄幼虫作用　采用浸渍法，取定容好的山蒟提取物20mL梯度稀释到10mg/mL、5mg/mL、2.5mg/mL、1.25mg/mL、0.625mg/mL的质量浓度备用。将供试3龄幼虫分别浸渍在5个不同的浓度药液中，10s后取出，自然晾干，放入培养皿内，将新鲜木薯叶剪成小片放入培养皿，每皿移入30头浸过药的供试斜纹夜蛾幼虫。用相同方法以5个同等浓度的鱼藤酮为药物对照，以丙酮为空白对照，每个处理重复三次，皿上加盖。将培养皿置于避光处饲养 12h、24h、36h 后记录死亡个数，用 excel 软件处理数据。

死亡率(%)=(死亡虫数/总虫数)×100

校正死亡率(%)=[(处理死亡率-对照死亡率)/(1-对照死亡率)]×100

(3) 毒杀斜纹夜蛾蛹作用　采用浸渍法，取定容好的山蒟提取物 20mL 梯度对半稀释到 10mg/mL、5mg/mL、2.5mg/mL、1.25mg/mL、0.625mg/mL 的质量浓度备用，将同一批斜纹夜蛾蛹放入 5 个不同浓度药液中浸泡 10s 后取出，自然晾干，后将浸过同浓度药液的蛹 30 个放入塑料盒中，塑料盒底部有滤纸片保湿。采用相同方法以 5 个同等浓度的鱼藤酮为药物对照，以丙酮为空白对照，每个处理重复三次，每天清除掉已羽化的成虫，待不再有成虫出现后，检查未羽化个数，计算未羽化率。

(4) 毒杀斜纹夜蛾成虫作用　采用点滴法，取定容好的山蒟提取物 20mL 梯度对半稀释到 10mg/mL、5mg/mL、2.5mg/mL、1.25mg/mL、0.625 mg/mL的质量浓度备用，用 1.0μL 微量进样器在成虫胸部背板上点 1.0μL 不同浓度药液，然后将 30 个点过药的成虫放入养虫塑料盒内，养虫盒底部有干燥滤纸片，再放入有蜂蜜水的棉团供成虫吸食，自然培养。用相同方法以 5 个同等浓度的鱼藤酮为药效对照，以丙酮为空白对照，每个处理重复三次，12h、24h、36h 后记录成虫死亡个数，用 excel 处理数据。

(5) 毒杀香蕉花蓟马若虫和成虫　采用滤纸药膜法，取定容好的山蒟提取物 20mg/mL 梯度对半稀释到 2.5mg/mL、2mg/mL、1.5mg/mL、1.0mg/mL、0.5mg/mL 的质量浓度备用，在直径 6cm 的玻璃培养皿底部，铺一张同样直径的滤纸，用移液枪吸取 1mL 药液均匀滴于滤纸上，待丙酮挥发后，用毛笔将香蕉花蓟马若虫、成虫各 30 头移入培养皿中；0.5～1h 后待虫身沾满药液后放入长 3cm 的香蕉花苞片（香蕉花蓟马饲料），然后用封口膜将培养皿封口，置于实验室内［试验温度为（25±1)℃，相对湿度为 75%］；24h 后检查各处理的死亡数和存活数（以毛笔尖触动虫体，不动者为死亡）。每处理重复 5 次，以不加杀虫剂的丙酮处理为对照，用鱼藤酮作药物对照。用 excel 处理其死亡率、LC_{50} 和毒力回归方程。

三、结果与分析

1. 杀卵作用

山蒟提取物对斜纹夜蛾卵的毒杀作用见表 5-6。

表 5-6　山药提取物对斜纹夜蛾卵的毒杀作用

处理	药剂回归方程	相关系数	LC_{50}/(mg/mL)	95%置信区间
山药提取物	$y=2.2839x+4.3545$	0.9898	1.87	1.69～2.05
鱼藤酮	$y=1.9005x+4.5078$	0.9903	1.82	1.61～2.05

如表 5-6 所示，山药甲醇提取物的石油醚萃取相和鱼藤酮的 LC_{50} 分别为 1.87mg/mL、1.82mg/mL，对比可知山药提取物对斜纹夜蛾卵的活性接近鱼藤酮，鱼藤酮的活性稍好于山药。说明山药提取物对斜纹夜蛾卵有很好的毒杀作用，其杀卵效果略差于传统植物源农药鱼藤酮。

2. 毒杀斜纹夜蛾 3 龄幼虫作用

山药提取物对斜纹夜蛾 3 龄幼虫的毒杀作用见表 5-7。

表 5-7　山药提取物对斜纹夜蛾 3 龄幼虫的毒杀作用

药剂	时间/h	毒力回归方程	相关系数	LC_{50}/(mg/mL)	95%置信区间
山药提取物	12	$y=2.4355x+4.3726$	0.9789	0.66	0.33～1.29
	24	$y=1.7020x+5.2817$	0.9910	0.45	0.20～1.04
	36	$y=2.3462x+4.9178$	0.9860	0.48	0.23～1.00
鱼藤酮	12	$y=3.5920x+3.6766$	0.9665	0.69	0.39～1.20
	24	$y=3.1678x+4.1008$	0.9714	0.49	0.23～1.04
	36	$y=2.9183x+4.3503$	0.9768	0.44	0.20～0.99

如表 5-7 所示，山药甲醇提取物的石油醚萃取相对斜纹夜蛾 3 龄幼虫的毒杀作用接近鱼藤酮，并且 12h、24h 时山药提取物的毒杀效果略好于鱼藤酮，36h 时鱼藤酮的毒杀效果略好于山药提取物。说明山药提取物对斜纹夜蛾 3 龄幼虫有非常好的毒杀活性，速效性比较突出，并且活性接近传统植物源农药鱼藤酮。

3. 毒杀斜纹夜蛾蛹作用

山药提取物对斜纹夜蛾蛹基本没有毒杀活性。在最高浓度 10mg/mL 时，校正未羽化率为 1.11%，当供试浓度为 2.5mg/mL 以下（包括 2.5mg/mL）时校正未羽化率为 0。山药的毒杀效果和空白对照差异不明显。对比鱼藤酮对斜纹夜蛾蛹的毒杀作用，各供试浓度的校正未羽化率为 12.22%、8.89%、8.89%、5.56%、2.22%，和空白对照差异也不明显。本实验说明山药提取物和鱼藤酮对斜纹夜蛾蛹的毒杀活性都很弱，但鱼藤酮对斜纹夜蛾蛹的毒杀活性要比山药提取物的略好。

4. 毒杀斜纹夜蛾成虫作用

山药提取物对斜纹夜蛾成虫的毒杀作用见表 5-8。

表 5-8　山药提取物对斜纹夜蛾成虫毒杀作用

药剂	时间/h	毒力回归方程	相关系数	LC_{50}/(mg/mL)	95%置信区间
山药提取物	12	$y=0.6891x+4.9473$	0.9578	1.19	0.50～2.83
	24	$y=0.7374x+5.0081$	0.9616	0.97	0.39～2.41
	36	$y=0.8159x+5.0150$	0.9695	0.96	0.42～2.20
鱼藤酮	12	$y=0.9233x+5.2233$	0.9150	0.57	0.21～1.58
	24	$y=0.8787x+5.3014$	0.9353	0.45	0.41～1.50
	36	$y=0.8892x+5.3268$	0.9166	0.43	0.13～1.46

如表 5-8 所示，山药提取物和鱼藤酮对斜纹夜蛾成虫都有很好的毒杀活性，总体来看山药提取物对斜纹夜蛾成虫有非常好的毒杀活性并且活性接近传统植物源农药鱼藤酮。鱼藤酮的杀成虫活性要比山药提取物的好。

5. 毒杀蓟马若虫和成虫作用

山药提取物对蓟马若虫和成虫的毒杀作用见表 5-9。

表 5-9　山药提取物对蓟马若虫和成虫毒杀作用

虫态	药剂	毒力回归方程	相关系数	LC_{50}/(mg/mL)	95%置信区间
若虫	山药提取物	$y=2.8093x+4.6451$	0.9186	1.34	1.12～1.60
	鱼藤酮	$y=5.9928x+7.2824$	0.9854	0.42	0.38～0.46
成虫	山药提取物	$y=2.9838x+5.1670$	0.9713	0.88	0.71～1.09
	鱼藤酮	$y=6.3101x+7.4447$	0.9844	0.41	0.37～0.45

如表 5-9 所示，山药提取物对蓟马若虫和成虫都有很好的毒杀活性，鱼藤酮对蓟马成虫和若虫的毒杀活性相差不大，总体来看，鱼藤酮对蓟马成虫和若虫的毒杀活性都比山药提取物的好，山药提取物对蓟马成虫的活性大于对若虫的活性。

四、结论与讨论

本研究从开发植物源农药的角度研究了山药提取物对斜纹夜蛾和香蕉花蓟马的活性，通过与经典植物源杀虫剂鱼藤酮对比，证明了山药提取物对斜纹夜蛾卵、3 龄幼虫和成虫都有较好的毒杀活性，对蛹的活性较弱；山药提取物对斜纹夜蛾3龄幼虫的活性>卵>成虫>蛹。而且山蒟对蓟马若虫和成虫都有较好的毒杀活性，可为开发新型的植物源杀虫剂提供参考。而关于山蒟中活性成分的追踪、筛选和提纯以及高活性物质的利用方法，山蒟对斜纹夜蛾和蓟马的毒杀机理，还有待于进一步的研究。

第四节 山蒟对荔枝椿及豇豆蚜虫的毒杀活性

一、荔枝椿及豇豆蚜虫简介

荔枝蝽（*Tessaratoma papillosa*）属半翅目（Hemiptera）蝽科（Pentatomidae），又名荔枝椿象，俗称“臭屁虫”。在国内，该虫主要分布在广东、广西、海南、云南等地，是荔枝、龙眼的主要害虫。该虫成虫、若虫刺吸幼芽、嫩梢，影响其正常生长，严重时新梢枯萎，在花柄及幼果柄刺吸汁液引起落花、落果，大发生时严重影响产量。该虫受惊时排出的臭液沾及嫩叶、花穗和幼果，会造成焦褐色灼伤斑，其为害处常常便于霜霉菌侵入而致使霜霉病的发生，严重时可导致产量的下降甚至绝收，且3龄及以上的荔枝蝽若虫和成虫均可传播鬼帚病病毒。

豇豆蚜虫（*Aphis craccivora* Koch）属半翅目（Hemiptera）蚜总科（Aphidoidea）。该虫主要分布在南亚、东南亚、东亚地区，在中国海南、广东、广西、云南、台湾、福建等省（自治区）香蕉产区均有发生。豇豆蚜虫年生十余代，世代重叠。豇豆蚜虫是为害豆科蔬菜的重要害虫，以成虫和若虫群集于叶背和嫩茎处吸食汁液，使叶片卷缩变黄、植株生长不良、影响开花结荚，严重发生时可导致植株死亡，另外蚜虫还可传播病毒病致使病毒蔓延，影响作物的产量和质量。

二、材料与方法

1. 试验材料

（1）试虫来源

① 荔枝蝽　由海南大学海甸校区农学院荔枝园采集，实验室饲养，实验时选取同龄健康完整的虫卵，大小一致、健康的1龄幼虫，同一批羽化不久的

健康的成虫。

② 豇豆蚜虫　在海南大学海甸校区植物基地豇豆种植地采集，实验时采取健康活泼的若虫和成虫。

（2）实验药品和器材

① 器材　锥形瓶、镊子、移液枪、电子天平、培养皿、标签纸、滤纸等。做预备试验，确定有效浓度区间。然后选用适宜浓度（死亡率大于20%、小于80%），采用梯度稀释的方法配制。

② 山蒟粗提取物　由实验小组成员用甲醇浸泡、抽滤、浓缩、石油醚萃取得到。实验前称取200mg，用丙酮定容至20mg/mL，置于0℃冰箱保存。实验时梯度稀释到所要浓度。

2. 试验方法

（1）毒杀荔枝蝽卵作用　采用浸卵法，取定容到20g/mL的山蒟提取物20mL对半稀释到10mg/mL、5mg/mL、2.5mg/mL、1.25mg/mL、0.625mg/mL的质量浓度，取荔枝卵叶，每个叶片14粒，将叶片放入5个不同浓度的溶液中浸5s，取出置滤纸上，待丙酮挥发后放入垫有湿滤纸的培养皿中。以相同浓度丙酮为空白对照，每个处理重复三次。观察48h，每天清除掉已孵化的若虫，待不再有若虫出现后，检查未出卵粒数，计算未孵化率及LC_{50}。

（2）毒杀荔枝蝽1龄若虫作用　采用浸渍法，取定容到20g/mL的山蒟提取物20mL对半稀释到10mg/mL、5mg/mL、2.5mg/mL、1.25mg/mL、0.625mg/mL的质量浓度备用。将供试1龄若虫分别浸渍在5个不同的浓度药液中，10s后取出晾干，放入培养皿内，将新鲜荔枝叶片剪成小片放入培养皿，小棉球沾水放入保湿。每皿移入20头浸过药的供试荔枝蝽1龄若虫，以相同浓度丙酮为空白对照，每个处理重复三次。饲养12h、24h、36h后记录死亡个数，用软件excel处理其死亡率、LC_{50}和毒力回归方程。

$$死亡率(\%)=(死亡虫数/总虫数)\times 100$$

$$校正死亡率(\%)=[(处理死亡率-对照死亡率)/(1-对照死亡率)]\times 100$$

（3）毒杀荔枝蝽成虫作用　采用浸渍法，取定容到20g/mL的山蒟提取物20mL对半稀释到10mg/mL、5mg/mL、2.5mg/mL、1.25mg/mL、0.625mg/mL的质量浓度备用。将供试成虫分别浸渍在5个不同的浓度药液中，10s后取出，自然晾干，放入培养皿内，将荔枝叶片剪成小片放入培养皿，小棉球沾水放入保湿。用相同浓度丙酮作为空白对照，每个处理重复三次。饲养12h、24h、36h后记录死亡个数，用软件excel处理其死亡率、LC_{50}和毒力回归方程。

（4）毒杀豇豆蚜虫若虫和成虫　采用滤纸药膜法，取定容到20g/mL的山蒟提取物20mL对半稀释到2.5mg/mL、2mg/mL、1.5mg/mL、1.0mg/mL、0.5mg/mL质量浓度备用，在直径6cm的玻璃培养皿底，铺一张同样直径的滤纸，用移液器吸取1mL药液均匀滴于滤纸上，待丙酮挥发后，用毛笔将豇豆蚜虫若虫、成虫20头移入培养皿中，重复三次；0.5～1h后待虫身沾满药剂后放入长3cm的豇豆叶片（豇豆饲料），然后用封口膜将培养皿封口，置于实验室内；24h后检查各处理的死亡数和存活数（以毛笔尖触动虫体，不动者为死亡）。只用丙酮处理的滤纸放入培养皿，待丙酮挥发后作为对照，用excel处理其死亡率LC_{50}和毒力回归方程。

三、结果与分析

1. 杀卵作用

采用浸卵法对荔枝蝽卵进行毒杀实验，并处理其数据得出结果，如表5-10和表5-11所示。

表5-10 山蒟提取物对荔枝蝽卵的毒杀作用

药剂	浓度/(mg/mL)	供试卵数/个	未孵化卵数/个	校正未孵化率/%
山蒟提取物	10	28.00	20.00	70.37
	5	28.00	17.00	59.26
	2.5	28.00	12.00	40.74
	1.25	28.00	11.00	37.04
	0.625	28.00	8.00	25.93
	CK	28.00	1.00	—

表5-11 山蒟提取物对荔枝蝽卵毒杀活性的回归分析

药剂	回归方程	相关系数	LC_{50}/(mg/mL)	95%置信区间
山蒟提取物	$y=0.9256x+4.5890$	0.9841	2.78	0.18～0.73

结果显示，在供试浓度为10mg/mL、5mg/mL、2.5mg/mL、1.25mg/mL、0.625mg/mL时，山蒟提取物对荔枝蝽卵的毒杀校正未孵化率为70.37%、59.26%、40.74%、37.04%、25.93%，山蒟甲醇提取物的石油醚萃取相对荔枝蝽卵的LC_{50}为2.78mg/mL，可见山蒟甲醇提取物的石油醚萃取相对荔枝蝽卵有比较好的生物活性。

2. 毒杀荔枝蝽1龄若虫活性

采用浸渍法对荔枝蝽1龄若虫进行毒杀实验，饲养12h、24h、36h后记录死亡个数，用软件excel处理其死亡率、LC_{50}和毒力回归方程，所得结果如表5-12和表5-13所示。

表5-12　山药提取物对荔枝蝽1龄若虫的毒杀活性测定结果

山药提取物	药后12h		药后24h		药后36h	
浓度/(mg/mL)	死亡虫数/只	校正死亡率/%	死亡虫数/只	校正死亡率/%	死亡虫数/只	校正死亡率/%
10	19.00	94.64	19.33	96.41	19.67	98.23
5	17.00	83.93	18.00	89.29	18.33	90.97
2.5	15.00	73.21	16.33	80.34	16.67	82.00
1.25	13.00	62.50	14.33	69.63	14.67	71.19
0.625	11.67	55.38	12.33	58.91	12.67	60.38
CK	1.33	—	1.33	—	2.00	—

表5-13　山药提取物对荔枝蝽1龄若虫毒杀活性的回归分析

药剂	时间/h	回归方程	相关系数	LC_{50}/(mg/mL)	95%置信区间
山药提取物	12	$y=1.1683x+5.3256$	0.9744	0.53	0.03～1.01
	24	$y=1.2589x+5.4781$	0.9903	0.42	0.03～0.83
	36	$y=1.4565x+5.5158$	0.9780	0.44	0.04～0.80

如表5-12和表5-13所示，当供试浓度为0.625mg/mL时，处理后12h、24h、36h校正死亡率分别为55.38%、58.91%、60.38%，随着处理时间延长校正死亡率逐渐增大。随着山药提取物供试浓度增大，荔枝蝽1龄若虫大量死亡，当供试浓度为10mg/mL时，12h、24h、36h校正死亡率分别为94.64%、96.41%、98.23%。由山药提取物对荔枝蝽1龄若虫12h、24h、36h的毒力回归方程计算得其LC_{50}分别为0.53mg/mL、0.42mg/mL、0.44mg/mL。本实验说明，山药提取物对荔枝蝽1龄幼虫有较好的毒杀活性，且浓度和死亡率呈线性关系。

3. 毒杀荔枝蝽成虫作用

采用浸渍法对荔枝蝽成虫进行毒杀实验，饲养12h、24h、36h后记录死亡个数，用excel软件处理其死亡率、LC_{50}和毒力回归方程，结果如表5-14和表5-15所示。

表 5-14　山蒟提取物对荔枝蝽成虫的毒杀作用

山蒟提取物	药后 12h		药后 24h		药后 36h	
浓度/(mg/mL)	死亡虫数/只	校正死亡率/%	死亡虫数/只	校正死亡率/%	死亡虫数/只	校正死亡率/%
10	9.00	89.47	9.33	93.07	9.67	96.59
5	8.33	84.21	8.67	89.47	9.00	89.47
2.5	7.00	73.68	7.33	78.95	8.33	84.21
1.25	6.00	63.16	6.33	73.68	7.00	78.95
0.625	5.33	52.63	5.67	63.16	6.00	68.42
CK	0.33	—	0.33	—	0.33	—

表 5-15　山蒟提取物对荔枝蝽成虫毒杀活性的回归分析

药剂	时间/h	回归方程	相关系数	LC_{50}/(mg/mL)	95%置信区间
山蒟提取物	12	$y=1.0334x+5.2104$	0.9887	0.63	0.23～1.53
	24	$y=1.1402x+5.2944$	0.9850	0.55	0.14～1.31
	36	$y=1.3019x+5.4537$	0.9935	0.45	0.10～1.07

如表 5-14 所示，当供试浓度为 0.625mg/mL 时，处理后 12h、24h、36h 的校正死亡率分别为 52.63%、63.16%、68.42%，随着处理时间的延长校正死亡率呈逐渐增大趋势。随着供试浓度增大，成虫校正死亡率也增大，当供试浓度为 10mg/mL 时，处理后 12h、24h、36h 的校正死亡率分别为 89.47%、93.07%、96.59%。由山蒟提取物 12h、24h、36h 对荔枝蝽成虫的毒力回归方程可得其 LC_{50}分别为 0.63mg/mL、0.55mg/mL、0.45mg/mL。本实验说明，山蒟提取物对荔枝蝽成虫有非常好的毒杀活性。

4. 毒杀豇豆蚜虫若虫和成虫作用

如表 5-16、表 5-17 所示，由山蒟提取物处理 24h 对豇豆若虫和成虫的毒力回归方程可得其 LC_{50}分别为 1.19mg/mL、0.86mg/mL，山蒟提取物对豇豆蚜虫若虫和成虫都有很好的毒杀活性。

四、结论与讨论

本研究从开发植物源农药的角度研究了山蒟提取物对荔枝蝽和豇豆蚜虫的生物活性。通过试验，证明了山蒟甲醇提取物石油醚萃取相对荔枝蝽卵、1 龄若虫和成虫都有较好的毒杀活性；对豇豆蚜虫若虫和成虫都有很好的毒杀活性。毒杀荔枝蝽卵时，山蒟提取物 48h 的 LC_{50}为 2.78mg/mL。山蒟提取物对

表 5-16　山药提取物对豇豆蚜虫若虫和成虫毒杀活性测定结果

虫态	药剂	浓度/(mg/mL)	死亡虫数/只	校正死亡率/%
若虫	山药提取物	2.5	17.67	88.15
		2	14.67	72.90
		1.5	9.67	47.48
		1	7.33	35.86
		0.5	3.67	16.98
		CK	0.33	
成虫	山药提取物	2.5	19.00	94.63
		2	17.00	84.56
		1.5	13.33	66.44
		1	11.00	53.69
		0.5	5.67	27.52
		CK	0.33	

表 5-17　山药提取物对豇豆蚜虫若虫和成虫毒杀活性回归分析

虫态	药剂	回归方程	相关系数	LC_{50}/(mg/mL)	95%置信区间
若虫	山药提取物	$y=2.8306x+4.7887$	0.9574	1.19	0.94～1.56
成虫	山药提取物	$y=2.9849x+5.1903$	0.9690	0.86	0.60～1.10

1龄若虫处理12h、24h、36h的LC_{50}分别为0.53mg/mL、0.42mg/mL、0.44mg/mL，山药提取物对荔枝蝽成虫处理12h、24h、36h后的LC_{50}分别为0.63mg/mL、0.55mg/mL、0.45mg/mL，比较得出山药提取物对荔枝蝽1龄若虫的活性>成虫>卵。山药提取物对豇豆蚜虫若虫的毒杀活性在24h的LC_{50}为1.19mg/mL，山药提取物对豇豆蚜虫成虫的毒杀活性在24h的LC_{50}为0.86mg/mL，山药提取物对豇豆蚜虫成虫的活性大于对若虫的活性。

卢芙萍、赵冬香等研究印楝种子提取物对荔枝蝽的毒性及与其等位酶基因型之间的关系，印楝种子提取物对荔枝蝽1龄若虫进行急性毒性处理24h后的LC_{50}为5.2mg/mL。对比可知传统植物源杀虫剂印楝种子提取物对荔枝蝽1龄若虫的活性低于山药提取物。

试验过程中，荔枝蝽养殖周期较长，由于没有办法区别卵、幼虫和蛹试虫的性别，性别差异可能会影响其活性。在山药的药剂配置中因丙酮挥发的速度快，可能会造成供试药剂浓度偏大，试验中各个处理的用药浓度较高，这在实际应用中势必造成防治成本过高、推广难度大等问题。采用浸渍法测定山药提取物对荔枝蝽卵、1龄若虫的毒杀活性中，浸液试虫体表上的多余药液用滤纸吸去，可能导致同样浓度的处理死亡率出现差异。建议进行试验改进，制定更合理的试验方案，进行大规模饲养的试虫要保证达到生物测定要求，确保试验中试虫群体的质量，药剂的配制迅速规范，降低实验的误差。

植物在长期生存与发展中，与周围的生物尤其是与植食性昆虫之间的协同进化过程中，已形成了抗御害虫的能力。植物体通过自身各种生物化学变化，产生次生代谢产物抑制昆虫的发育、繁殖，控制害虫的寄生、进食、产卵等行为，扼杀害虫的正常生理行为而使之死亡、变态、畸形和不育。植物源农药以其“取之天然，用之天然”的特点而倍受青睐。在害虫防治过程中对害虫选择性高、安全性好、对非靶标昆虫和人畜很少或没有影响的农药将逐渐代替高毒的杀虫剂品种，在环境中无残留、易于降解、不易积累、污染小的生物农药将逐渐代替化学农药。关于山蒟中活性成分的追踪、筛选和提纯以及高活性物质的利用方法，山蒟对荔枝蝽和豇豆蚜虫的毒杀机理，还有待于进一步的研究。

第五节　山蒟对甜菜夜蛾和赤拟谷盗的毒杀活性

一、甜菜夜蛾和赤拟谷盗简介

甜菜夜蛾（*Spodoptera exigua* Hübner）属鳞翅目夜蛾科，分布广泛。我国河北、河南及陕西关中地区是甜菜夜蛾的主要危害区，东北、西北及长江流域各省也均有发生，近年来其已发展成为重要害虫，常常暴发危害。该虫的食性很杂，寄主很多，除危害多种蔬菜（甘蓝、白菜）外，还危害许多大田作物、药用植物、牧草等，已成为一种世界性害虫。在我国，甜菜夜蛾原是一种间歇性暴发危害的农业害虫，从20世纪20年代初期开始暴发危害，现已成为制约我国农业生产发展的一种重要害虫。

赤拟谷盗（*Tribolium castaneum* Herbst）隶属于鞘翅目（Coleoptera）拟步甲科（Tenebrionidae）。赤拟谷盗是世界性的储粮害虫，也是我国常见的一种储粮害虫，分布在我国大部分省区。赤拟谷盗年生4～5代，最适发育温度27～30℃，相对湿度70%，30℃完成一代27天左右。赤拟谷盗属杂食性昆虫，喜粉类食物，如稻谷、小麦、玉米、高粱、大米、小米、面粉、豆饼等。该虫有臭腺分泌臭液，使面粉结块，产生腥臭味，颜色也发生变化，不能食用。其分泌物还含有致癌物醌。

二、材料与方法

1. 试验材料

（1）试虫来源

① 甜菜夜蛾　由海南大学海甸校区环境与植物保护学院实验室饲养所得，选取大小一致、健康活泼的3龄幼虫。

② 赤拟谷盗　由海南大学附近的一家面粉店获得，实验室饲养，实验时选取健康和大小一致的幼虫和成虫。

（2）实验药品　山蒟甲醇粗提取物石油醚萃取物，由实验室提供。

（3）实验仪器 MP2002电子天平（上海市恒平科学仪器公司），9cm培养皿、50mL锥形瓶、100mL烧杯、量筒、药匙、玻璃棒、洗耳球、胶头滴管、纱布由实验室提供。

2. 试验方法

（1）对甜菜夜蛾3龄毒杀活性　采用浸叶法，取定容20mg/mL的山蒟甲醇提取物石油醚萃取相20mL，加丙酮对半稀释到10mg/mL、5mg/mL、2.5mg/mL、1.25mg/mL、0.625mg/mL 5个质量浓度梯度备用，以相同体积的丙酮作空白对照。将新鲜的生菜叶片放入5个不同浓度溶液和空白对照中浸10s后拿出，待丙酮挥发后放入垫有湿滤纸的培养皿中，将20头活动强度相同、大小一致的甜菜夜蛾3龄幼虫放入各个培养皿中，将培养皿放入实验室内让其自然发育。每个处理重复三次，分别观察24h和48h后甜菜夜蛾3龄幼虫的死亡情况。

（2）对赤拟谷盗幼虫的毒杀活性　采用粮食拌药法，取定容好的山蒟提取物20mL用丙酮梯度稀释到10mg/mL、5mg/mL、2.5mg/mL、1.25mg/mL、0.625mg/mL的质量浓度备用，将各个浓度与面粉按照1∶1的比例进行均匀混合，将其置于风扇下吹12h，使溶剂挥发完全。选取活动强度相同、大小一致的20头赤拟谷盗幼虫放入不同浓度面粉中，将培养皿放在实验室30℃环境下自然培养，以相同体积的丙酮为空白对照，每个处理重复三次，分别观察24h和48h后赤拟谷盗幼虫的死亡情况。

（3）对赤拟谷盗成虫的毒杀活性　采用药膜法，取定容好的山蒟提取物20mL梯度稀释到10mg/mL、5mg/mL、2.5mg/mL、1.25mg/mL质量浓度备用，将药液与培养皿充分均匀的接触，并且将其置于风扇下吹12h，使溶剂挥发完全。选取活动强度相同、大小一致的20头赤拟谷盗成虫放入各个培养皿中，放在实验室30℃环境下自然培养，以相同体积的丙酮为空白对照，每个处理重复三次，24h、48h后记录成虫死亡个数。

（4）数据处理　DPS v7.05版软件统计分析不同处理间的差异显著性（Duncan′s新复极差测定法）、LC_{50}和毒力回归方程。

死亡率（%）=（死亡虫数/总虫数）×100

校正死亡率（%）=［（处理死亡率－对照死亡率）/（1－对照死亡率）］×100

三、结果与分析

1. 对甜菜夜蛾3龄幼虫的毒杀活性

山蒟提取物对甜菜夜蛾3龄幼虫的毒杀活性如表5-18所示。结果显示，山蒟提取物对甜菜夜蛾具有很强的毒杀作用。在供试浓度为10mg/mL、5mg/mL、2.5mg/mL、1.25mg/mL、0.625mg/mL时，山蒟提取物对甜菜夜蛾3龄幼虫24h毒杀作用的校正死亡率分别为66.67%、53.33%、35.00%、26.67%、15.00%；山蒟提取物对甜菜夜蛾3龄幼虫48h毒杀作用的校正死亡率为81.02%、65.51%、46.53%、44.83%、29.31%。由以上数据得出，24h、48h的校正死亡率都是随着供试浓度的增加而增大。如表5-19所示，山蒟提取物对3龄幼虫24h、48h的LC_{50}分别为4.4793mg/mL、2.0419mg/mL，随着时间的延长，LC_{50}有所减小，毒杀活性增强。

表5-18　山蒟提取物对甜菜夜蛾3龄幼虫的毒杀活性

浓度/(mg/mL)	处理时间/h	试虫总数/只	死亡虫数/只	校正死亡率/%
10	24	60	40	66.67
	48	60	49	81.02
5	24	60	32	53.33
	48	60	40	65.51
2.5	24	60	21	35.00
	48	60	29	46.53
1.25	24	60	16	26.67
	48	60	28	44.83
0.625	24	60	9	15.00
	48	60	19	29.31
CK	24	60	0	0.00
	48	60	2	0.00

表 5-19　山药提取物对甜菜夜蛾 3 龄幼虫的毒杀活性回归分析

药剂	时间/h	回归方程	相关系数	LC_{50}/(mg/mL)	95%置信区间
山药提取物	24	$y=4.2112+1.2113x$	0.9965	4.4793	3.3200～6.8073
	48	$y=4.6560+1.1095x$	0.9749	2.0419	1.4086～2.8124

2. 对赤拟古盗幼虫毒杀活性

山药提取物对赤拟古盗幼虫的毒杀活性如表 5-20 所示。结果显示，山药提取物对赤拟古盗幼虫有较好的毒杀作用。在供试浓度为 10mg/mL、5mg/mL、2.5mg/mL、1.25mg/mL、0.625mg/mL 时，山药提取物对赤拟古盗幼虫 24h 毒杀作用的校正死亡率分别为 46.67%、33.33%、25.00%、18.33%、15.00%；山药提取物对赤拟古盗幼虫 48h 毒杀作用的校正死亡率为分别 56.90%、41.38%、39.66%、27.59%、24.14%。从表 5-20 可以看出，24h、48h 的校正死亡率均随着供试浓度的增加而增大，呈正相关。由表 5-21 得山药提取物对赤拟古盗幼虫 24h、48h 的 LC_{50} 分别为 15.0325mg/mL、6.1483mg/mL，随着时间的延长，LC_{50}减小，活性增强。

表 5-20　山药提取物对赤拟古盗 3 龄幼虫的毒杀活性

浓度/(mg/mL)	处理时间/h	试虫总数/只	死亡虫数/只	校正死亡率/%
10	24	60	28	46.67
	48	60	35	56.90
5	24	60	20	33.33
	48	60	26	41.38
2.5	24	60	15	25.00
	48	60	25	39.66
1.25	24	60	11	18.33
	48	60	18	27.59
0.625	24	60	9	15.00
	48	60	16	24.14
CK	24	60	0	0.00
	48	60	2	0.00

表 5-21　山药提取物对赤拟古盗 3 龄幼虫毒杀活性的回归分析

药剂	时间/h	回归方程	相关系数	LC_{50}/(mg/mL)	95%置信区间
山药提取物	24	$y=4.0525+0.8050x$	0.9875	15.0325	7.6163～78.9548
	48	$y=4.4681+0.6743x$	0.9714	6.1483	3.6113～19.9395

3. 对赤拟谷盗成虫的毒杀活性

山药提取物对赤拟古盗成虫的毒杀活性如表 5-22 所示。结果显示，山药提取物对赤拟古盗成虫有毒杀作用。在供试浓度为 10mg/mL、5mg/mL、2.5mg/mL、1.25mg/mL 时，山药提取物对赤拟古盗成虫 24h 毒杀作用的校正死亡率分别为 36.21%、17.24%、10.35%、5.18%；山药提取物对赤拟古盗幼虫 48h 毒杀作用的校正死亡率分别为 50.88%、35.09%、22.81%、10.53%。实验数据表明，24h、48h 的校正死亡率均随着供试浓度的增加而增大，浓度和死亡率呈正相关关系；48h 的校正死亡率相对于 24h 的较高些。如表 5-23 所示，山药提取物对赤拟古盗幼虫 24h、48h 的 LC_{50} 分别为 16.7433mg/mL、8.5429mg/mL，随着时间的延长，LC_{50}减少，活性增加。

表 5-22　山药提取物对赤拟古盗成虫的毒杀活性

浓度/(mg/mL)	处理时间/h	试虫总数/只	死亡虫数/只	校正死亡率/%
10	24	60	23	36.21
	48	60	32	50.88
5	24	60	12	17.24
	48	60	23	35.09
2.5	24	60	8	10.35
	48	60	16	22.81
1.25	24	60	5	5.18
	48	60	9	10.53
CK	24	60	0	0.00
	48	60	0	0.00

表 5-23　山药提取物对赤拟古盗成虫毒杀活性的回归分析

药剂	时间/h	回归方程	相关系数	LC_{50}/(mg/mL)	95%置信区间
山药提取物	24	$y=3.3850+1.3196x$	0.9739	16.7433	9.6386～62.4869
	48	$y=3.8633+1.2202x$	0.9991	8.5429	5.8226～18.4495

比较山药提取物对赤拟古盗幼虫和成虫的毒杀效果来看，在用山药提取物防治赤拟古盗时，应在幼虫期使用。

四、结论与讨论

本研究讨论了山药提取物对甜菜夜蛾和赤拟古盗的生物活性。山药提取物对甜菜夜蛾 3 龄幼虫 48h 的 LC_{50} 为 2.0419mg/mL，郭彩霞研究得出多汁乳菇提取液对甜菜夜蛾3龄幼虫48h的LC_{50}为297.70mg/mL。由实验数据得知，山蒟提取物对甜菜夜蛾的LC_{50}数值将近是多汁乳菇LC_{50}数值的1/100，山蒟提取物对甜菜夜蛾毒杀活性要明显优于多汁乳菇提取液，山蒟有较好的发展前景。山蒟提取物对赤拟谷盗幼虫和成虫48h的LC_{50}分别为6.1483mg/mL、8.5429mg/mL。韩群鑫研究得出丁香酚对赤拟谷盗幼虫和成虫48h的LC_{50}为0.218mg/mL、0.363mg/mL。结果表明，山蒟提取物对赤拟谷盗48h的LC_{50}接近于丁香酚对赤拟谷盗48h的LC_{50}。山蒟提取物对赤拟谷盗有一定的毒杀活性，山蒟的杀虫活性成分还需要进一步的研究。用植物源农药代替部分化学农药，对于蔬菜类作物具有特殊的意义。从本实验和前人的研究可以看出，山蒟的杀虫活性还有更大的开发空间。

实验过程中，不同龄期试虫实验时，所处的气候条件有细微的差别，导致在两者比较时有一定的误差。在山蒟药剂配制中可能会因丙酮的迅速挥发造成供试药剂浓度偏大，试验中各个处理的用药浓度较高，存在一定的误差。在整个实验过程中，只进行了空白对照，没有进行药剂对照。建议制定更加细致的实验方案，确保实验试虫群体的质量要稳定均匀，进行大规模饲养的试虫要保证达到生物测定要求。药剂的配制要流利迅速，现配现用，以确保将实验误差降到最低，实验中要做药剂对照。

第六节　山蒟对黑腹果蝇和黄曲条跳甲的毒杀活性

一、黑腹果蝇和黄曲条跳甲简介

黑腹果蝇（*Drosophila melanogaster* Meigen）属双翅目（Diptera）果蝇科（Drosophilidae），是一种原产于热带或亚热带的蝇种。它和人类一样分布于全世界各地，并且在人类的居室内过冬。由于其主食为腐烂的水果，在人类的栖息地内如果园、菜市场等地皆可见其踪迹。黑腹果蝇主要会对储藏或上柜的水果造成危害，降低水果的储藏期或上柜期。其繁殖能力强，生活史短，在室温下不到两周。一旦水果表皮破损，便会吸引大量黑腹果蝇，加速水果的腐烂，造成经济损失。

黄曲条跳甲（*Phyllotreta striolata* Fabricius）属鞘翅目（Coleoptera）叶甲科（Chrysomelidae；leaf beetles），又叫菜蚤子、土跳蚤、黄跳蚤、狗虱虫，简称跳甲，偏嗜十字花科蔬菜，包括白菜、萝卜、油菜、甘蓝等，是危害十字花科蔬菜的重要害虫。国外分布于亚、欧、北美等地50多个国家，国内除新疆、青海、西藏外各省和自治区都有分布，且虫口密度很高。黄曲条跳甲在我国北方一年发生3～5代，南方7～8代。在华南及福建漳州等地无越冬现象，可终年繁殖。随着气温升高活动加强。4月上旬开始产卵，以后约每月发生1代，因成虫寿命长，致使世代重叠严重。以成虫和幼虫两个虫态对植株直接造成危害。成虫食叶，以幼苗期最重；在留种地主要为害花蕾和嫩荚。幼虫只害菜根，蛀食根皮，咬断须根，使叶片萎蔫枯死。萝卜被害呈许多黑斑，最后整个变黑腐烂；白菜受害叶片变黑死亡，并传播软腐病。自20世纪80年代以来，大发生频率增加，在我国南方地区甚至成为十字花科蔬菜主要害虫，有的地区甚至超过了小菜蛾。

二、材料与方法

1. 试验材料

（1）试虫来源

① 黑腹果蝇　在海南大学海甸校区附近捕获，实验室饲养。实验时选取健康活泼的幼虫、蛹和羽化2d的健康的成虫。

② 黄曲条跳甲　海南大学儋州校区农学院基地捕获后饲养，实验时取同一批蛹、健康活泼的幼虫和成虫。

（2）实验药品　山蒟粗提取物由实验小组成员经甲醇浸泡、抽滤、浓缩、石油醚萃取得到。

2. 试验方法

（1）毒杀黑腹果蝇幼虫作用　采用浸渍法，取定容好的山蒟提取物15mL梯度稀释到15mg/mL、7.5mg/mL、3.75mg/mL、1.875mg/mL、0.9375mg/mL的质量浓度，用勺子和细毛笔将幼虫从培养基中挑出，将供试幼虫分别浸渍在5个不同的浓度药液中，10s后取出，自然晾干，放入培养皿内，每个培养皿20只，然后将新制成的培养基小块放入培养皿中。以相同含量的丙酮为空白对照，每个处理重复5次。将培养皿置于避光处饲养12h、24h、36h后记录死亡个数。

（2）毒杀黑腹果蝇蛹作用　采用浸渍法，取定容好的山蒟提取物15mL对半稀释到15mg/mL、7.5mg/mL、3.75mg/mL、1.875mg/mL、0.9375mg/mL各质量浓度备用，将同一批果蝇蛹放入5个不同浓度药液中浸泡10s后取出，自然晾干，然后将浸过同浓度药的蛹20个放入培养皿中，培养皿底部有滤纸片保湿。以相同含量丙酮为空白对照，每个处理重复5次，每天清除掉已羽化的成虫，待不再有成虫出现后，检查未羽化个数，计算未羽化率。

(3) 毒杀黑腹果蝇成虫作用　采用培养基混药法，取定容至20mg/mL的山蒟甲醇提取物石油醚萃取相20mL对半稀释到20mg/mL、10mg/mL、5mg/mL、2.5mg/mL、1.25mg/mL的质量浓度备用，将健康活泼的果蝇转移到麻醉瓶中，用乙醚麻醉后转移入培养皿中。培养皿内放有在5种不同浓度药剂中浸泡了10s后取出的新制培养基。以相同含量丙酮为空白对照，每个处理重复5次，每12h、24h、36h后记录成虫死亡个数。

(4) 毒杀黄曲条跳甲成虫作用　采用浸叶法，取定容至20mg/mL的山蒟甲醇提取物石油醚萃取相20mL对半稀释到20mg/mL、10mg/mL、5mg/mL、2.5mg/mL、1.25mg/mL的质量浓度，将健康活泼的黄曲条跳甲转移到锥形瓶中，饥饿12h，用乙醚将其麻醉后转移入培养皿中，培养皿内放有在5个不同浓度中浸泡了10s后取出晾干的甘蓝叶片，每个培养皿20只左右。以相同含量丙酮为空白对照，每个处理重复3次。将培养皿置于避光处饲养12h、24h、36h后记录死亡个数。

(5) 毒杀黄曲条跳甲幼虫和蛹作用　采用浸渍法，取定容至15mg/mL的山蒟提取物对半稀释到15mg/mL、7.5mg/mL、3.75mg/mL、1.875mg/mL、0.9375mg/mL的质量浓度备用，将供试幼虫分别浸渍在5个不同浓度的药液中，10s后取出，自然晾干，放入培养皿内，每个培养皿20只左右。以相同含量丙酮为空白对照，每个处理重复5次。

采用浸渍法，取定容至15mg/mL的山蒟提取物对半稀释到15mg/mL、7.5mg/mL、3.75mg/mL、1.875mg/mL、0.9375mg/mL质量浓度备用，将供试蛹放入5个不同浓度药液中浸泡10s后取出，自然晾干，然后将浸过同浓度药的蛹20个左右放入培养皿中，培养皿底部有滤纸片保湿。以相同含量丙酮为空白对照，每个处理重复3次，每天清除掉已羽化的成虫，待不再有成虫出现后，检查未羽化个数，计算未羽化率。

(6) 数据统计方法　用DPS7.05版软件计算其LC_{50}。

$$死亡率(\%)=(死亡虫数/总虫数)\times 100$$

$$校正死亡率(\%)=[(处理死亡率-对照死亡率)/(1-对照死亡率)]\times 100$$

三、结果与分析

1. 毒杀黑腹果蝇幼虫作用

山蒟提取物对黑腹果蝇幼虫毒杀活性如表5-24所示。结果显示，山蒟提取物对黑腹果蝇幼虫具有很好的毒杀作用。在供试浓度为 15mg/mL、7.5mg/mL、3.75mg/mL、1.875mg/mL、0.9375mg/mL 时，山蒟提取物对黑腹果蝇幼虫毒杀作用的校正死亡分别率为 79.41%、63.11%、57%、40.59%、32%。如表 5-25 所示，山蒟提取物在 12h、24h、36h 时，LC_{50} 分别为 3.96mg/mL、2.31mg/mL、2.29mg/mL，具有对黑腹果蝇幼虫较好的毒杀活性。

表 5-24　山蒟提取物对黑腹果蝇幼虫的毒杀活性

药剂	浓度/(mg/mL)	幼虫数/只	幼虫死亡数/只	校正死亡率/%
山蒟提取物	15	102	81	79.41
	7.5	103	65	63.11
	3.75	100	57	57
	1.875	101	41	40.59
	0.9375	100	32	32
	CK	100	0	0

表 5-25　山蒟提取物对黑腹果蝇幼虫的毒杀作用回归分析

药剂	时间/h	回归方程	相关系数	LC_{50}/(mg/mL)	95%置信区间
山蒟提取物	12	$y=1.8141x+3.8642$	0.9871	3.96	3.0181～4.9025
	24	$y=1.6162x+4.2311$	0.9886	2.31	2.4612～3.8477
	36	$y=1.0382x+4.5102$	0.9908	2.29	2.2255～3.8101

2. 毒杀黑腹果蝇蛹作用

如表 5-26、表 5-27 所示，山蒟提取物对黑腹果蝇蛹具有较强的毒杀作用，山蒟提取物处理果蝇蛹观察 96h 后不再有羽化出现，LC_{50} 为 2.63mg/mL，15mg/mL、7.5mg/mL、3.75mg/mL、1.875mg/mL、0.9375mg/mL 各供试浓度的校正未羽化率分别为 81%、69%、55%、41%、34%，控制效果比较突出。

表 5-26　山蒟提取物对黑腹果蝇蛹的毒杀活性

药剂	浓度/(mg/mL)	供试蛹数/个	未孵化蛹数/个	校正未羽化率/%
山蒟提取物	15	100	81	81
	7.5	100	69	69
	3.75	100	55	55
	1.875	100	41	41
	0.9375	100	34	34
	CK	100	0	0

表 5-27　山药提取物对黑腹果蝇蛹毒杀活性的回归分析

药剂	回归方程	相关系数	LC_{50}/(mg/mL)	95%置信区间
山药提取物	$y=1.0925x+4.5415$	0.9933	2.63	1.8631～3.0121

3. 毒杀黑腹果蝇成虫作用

如表 5-28、表 5-29 所示，山药提取物对黑腹果蝇成虫有较好的毒杀活性。各供试浓度下校正死亡率分别为 82.07%、71.84%、58.33%、46.53%、34.61%。山药提取物在 12h、24h、36h 时，LC_{50} 分别为 5.31mg/mL、3.24mg/mL、3.21mg/mL。浓度和死亡率呈线性关系，随时间增加，LC_{50} 值逐渐减小，有一定的持效性，有比较好的毒杀活性，能有效控制黑腹果蝇数量。

表 5-28　山药提取物对黑腹果蝇成虫的毒杀活性

药剂	浓度/(mg/mL)	供试虫数/只	死亡虫数/只	校正死亡率/%
山药提取物	20	106.00	87	82.07
	10	103.00	74	71.84
	5	108.00	63	58.33
	2.5	101.00	47	46.53
	1.25	104.00	36	34.61
	CK	102.00	0.00	0.00

表 5-29　山药提取物对黑腹果蝇成虫毒杀活性的回归分析

药剂	时间/h	回归方程	相关系数	LC_{50}/(mg/mL)	95%置信区间
山药提取物	12	$y=1.4201x+3.2236$	0.9936	5.31	4.2574～6.4676
	24	$y=1.3711x+3.7264$	0.9911	3.24	2.9611～3.9221
	36	$y=1.3113x+4.0572$	0.9853	3.21	2.7412～3.7988

4. 毒杀黄曲条跳甲成虫作用

如表 5-30 和表 5-31 所示，山药提取物对黄曲条跳甲成虫有很好的毒杀活性，随着供试浓度增大，成虫校正死亡率也增大，其各浓度的下的校正死亡率分别为 87.5%、76%、59%、39.05%、32.04%，浓度与死亡率呈正相关。由山药提取物 12h、24h、36h 对黄曲条跳甲成虫的毒力回归方程可得其 LC_{50} 分别为 5.48mg/mL、3.94mg/mL、3.86mg/mL，随时间增加，LC_{50} 值也在变小，山药提取物对黄曲条跳甲成虫有一定持效性。

表 5-30　山药提取物对黄曲条跳甲成虫的毒杀活性测定结果

药剂	浓度/(mg/mL)	供试虫数/只	死亡虫数/只	校正死亡率/%
山药提取物	20	104.00	91	87.5
	10	100.00	76	76
	5	100.00	59	59
	2.5	105.00	41	39.05
	1.25	103.00	33	32.04
	CK	103.00	0	0.00

表 5-31　山药提取物对黄曲条跳甲成虫毒杀活性的回归分析

药剂	时间/h	回归方程	相关系数	LC_{50} /(mg/mL)	置信区间
山药提取物	12	$y=1.4201x+3.2236$	0.9764	5.48	4.2126～7.8316
	24	$y=1.3711x+3.7264$	0.9982	3.94	3.3127～4.9677
	36	$y=1.3938x+4.2875$	0.9915	3.86	3.0191～4.8846

5. 毒杀黄曲条跳甲幼虫和蛹作用

如表 5-32 所示，山药提取物对黄曲条跳甲有较好的毒杀活性，随着浓度的增加，黄曲条跳甲的死亡率也在增加，各浓度的下的校正死亡率分别为73.79%、58.65%、43.33%、34.61%、23.30%。如表 5-33 所示，山药提取物 12h、24h、36h 时的 LC_{50} 分别为 5.41mg/mL、3.25mg/mL、3.17mg/mL。随时间增加，LC_{50} 值也在减小，山药提取物有一定的持效性。

表 5-32　山药提取物对黄曲条跳甲幼虫毒杀活性测定结果

药剂	浓度/(mg/mL)	供试虫数/只	死亡虫数/只	校正死亡率/%
山药提取物	15	104.00	81	73.79
	7.5	100.00	61	58.65
	3.75	100.00	47	43.33
	1.875	105.00	36	34.61
	0.9375	103.00	24	23.30
	CK	103.00	0.00	0.00

表 5-33　山蒟提取物对黄曲条跳甲幼虫毒杀活性回归分析

药剂	时间/h	回归方程	相关系数	LC_{50} /(mg/mL)	置信区间
山蒟提取物	12	$y=1.2742x+4.0467$	0.9913	5.41	4.2124～5.7881
	24	$y=1.4812x+4.1786$	0.9926	3.25	2.6212～3.9856
	36	$y=1.4829x+4.1379$	0.9875	3.17	2.5602～3.9586

山蒟提取物对黄曲条跳甲蛹的毒杀活性如表 5-34 所示。结果显示，山蒟提取物对黄曲条跳甲蛹基本没有毒杀活性。在最高浓度 15mg/mL 时，校正未羽化率为 0.96%。但实验实际观察过程中，黄曲条跳甲蛹的羽化时间明显延长。

表 5-34　山蒟提取物对黄曲条跳甲蛹毒杀活性测定结果

药剂	浓度/(mg/mL)	供试蛹数/个	未孵化蛹数/个	校正未羽化率/%
山蒟提取物	15	104	2	0.96
	7.5	106	2	1.88
	3.75	107	0	0.00
	1.875	102	1	2.94
	0.9375	103	0	0.00
	CK	104	0	0.00

四、结论与讨论

本研究从开发植物源农药的角度研究了山蒟提取物对黑腹果蝇和黄曲条跳甲的活性。通过实验，证明了山蒟提取物对黑腹果蝇幼虫、蛹和成虫都有较好的毒杀活性；对黄曲条跳甲幼虫和成虫都有很好的毒杀活性，但对蛹的毒杀活性不明显。毒杀黑腹果蝇幼虫时，山蒟提取物 12h、24h 和 36h 的 LC_{50} 为 3.96mg/mL、2.31mg/mL 和 2.29mg/mL，对黑腹果蝇蛹的 LC_{50} 为 2.63mg/mL，对黑腹果蝇成虫处理 12h、24h 和 36h 后的 LC_{50} 分别为 5.31mg/mL、3.24mg/mL 和 3.21mg/mL，比较得出山蒟提取物对黑腹果蝇幼虫的活性＞蛹＞成虫。山蒟提取物对黄曲条跳甲成虫的毒杀活性在 12h、24h 和 36h 的 LC_{50} 分别为 5.48mg/mL、3.94mg/mL 和 3.86mg/mL，对黄曲条跳甲幼虫的毒杀活性在 12h、24h 和 36h 的 LC_{50} 分别为 5.41mg/mL、3.25mg/mL 和 3.17mg/mL，对黄曲条跳甲蛹的毒杀活性很弱，对黄曲条跳甲幼虫的活性>成虫>蛹。

张庭英、江定心等通过鱼藤酮对黄曲条跳甲成虫的毒力测定实验得出，5%鱼藤酮处理黄曲条跳甲成虫48h后的LC_{50}为2.975mg/mL。对比可知，山蒟提取物与传统植物源杀虫剂鱼藤酮对黄曲条跳甲成虫的活性基本持平。

杨建云、向亚林、田耀加等研究几种生物制剂对黄曲条跳甲幼虫的毒杀作用，98%鱼藤酮采用浸渍法的处理方式，处理黄曲条跳甲幼虫10s，48h后的LC_{50}为0.6072mg/mL。对比可知，传统植物源杀虫剂鱼藤酮对黄曲条跳甲成虫的活性稍高于山蒟提取物。

山蒟粗提取物成分复杂，只是通过简单的抽滤和浓缩得到，有效成分含量很低。而张庭英、杨建云等实验中使用的鱼藤酮为纯品。故推测，山蒟对果蝇和黄曲条跳甲的生物活性应相近或高于鱼藤酮。

山蒟提取物虽然对黄曲条跳甲蛹的毒杀活性不明显，但经过处理后的黄曲条跳甲蛹的羽化时间有明显延长。在此推测，山蒟对黄曲条跳甲蛹有延缓发育的效果。

利用植物体内成千上万种的化学物质，分离和筛选具有生物活性的化学物质已成为农药发展和创新的重要研究内容。本试验表明，从植物世界中寻找高活性的杀虫活性物质是可行的。关于山蒟中活性成分的追踪、筛选和提纯以及高活性物质的利用方法，山蒟对果蝇和黄曲条跳甲的毒杀机理，还有待于进一步的研究。

第七节　山蒟对橘小实蝇和瓜实蝇的毒杀活性

一、橘小实蝇和瓜实蝇的简介

瓜实蝇（*Dacus cucurbitae* Coqillett），又称瓜寡鬃实蝇，属双翅目实蝇科，是瓜类蔬菜作物的重要害虫。近几年瓜果类蔬菜的种植面积扩大，种植周期延长，瓜实蝇发生危害呈加重趋势。由于瓜实蝇以幼虫钻蛀危害，较难防治。雌虫在在瓜果肉里面产卵，孵出幼虫后取食瓜果肉，导致瓜果受害部分变黄，然后整个瓜发臭腐烂或畸形，大量落果，使瓜果品质下降。

橘小实蝇［*Bactrocera dorsa lis*（Hendel)］，又称柑橘小实蝇、东方果实蝇、橘寡鬃实蝇、黄苍蝇、果蛆、柑蛆、针蜂，属双翅目（Diptera)、实蝇科（Try Petidae）寡毛实蝇亚科（Dainae)、寡毛实蝇属（*Dacus*)。主要分布在我国南部的省区，幼虫寄生在植物果实的果肉中，导致果实腐烂脱落，降低果实产量。除此之外，还危害绿色景观，并呈严重发展趋势。

二、材料与方法

1. 试验材料

（1）试虫来源

① 瓜实蝇　试虫取自于中国热带农业科学院环境与植物保护研究所。瓜实蝇幼虫饲料配方：南瓜 500g、玉米粉 500g、糖 100g、酵母粉 100g、纸 100g、苯甲酸钠 2g、浓盐酸 4mL、水 500mL；成虫饲料为酵母粉、白砂糖、水。南瓜、玉米粉、酵母粉、白砂糖和纸均为市售。按配方配好瓜实蝇幼虫饲料，将配好的幼虫饲料放入带有透气网的塑料盒中，并且将南瓜片放入瓜实蝇成虫饲养笼中，6h 后，成虫在南瓜片上产卵。将带有卵的南瓜片放入配好的幼虫饲料中，1d 后，孵出幼虫，取孵化后 3d 的幼虫供试。孵化 5d 后将幼虫转移到干燥的细沙中，第 7 天，幼虫在细沙中化蛹。将蛹用筛子从细沙中筛出来后，放入塑料盒中，再将装有瓜实蝇蛹的塑料盒放入瓜实蝇成虫饲养笼中，7d 后，蛹羽化为成虫，取羽化后 3 天的虫供试。养虫室的温度 26℃，相对湿度 75%。

② 橘小实蝇　试虫取自于中国热带农业科学院环境与植物保护研究所。橘小实蝇幼虫饲料配方：香蕉 500g、玉米粉 500g、糖 100g、酵母粉 100g、纸 100g、苯甲酸钠 2g、浓盐酸 4mL、水 500mL；成虫饲料为酵母粉、白砂糖、水。香蕉、玉米粉、酵母粉、白砂糖和纸均为市售。按配方配好橘小实蝇幼虫饲料，将配好的幼虫饲料放入带有透气网的塑料盒中，将香蕉片放入瓜实蝇成虫饲养笼中，6h 后，成虫在香蕉片上产卵。将带有卵的香蕉片放入配好的幼虫饲料中 1d 后，孵出幼虫，取孵化后 3d 的幼虫供试。孵化 5d 后将幼虫转移到干燥的细沙中，第 7 天，幼虫在细沙中化蛹。将蛹用筛子从细沙中筛出来后，放入塑料盒中，再将装有橘小实蝇蛹的塑料盒放入瓜实蝇成虫饲养笼中，7d 后，蛹羽化为成虫，取羽化后 3d 的虫供试。养虫室的温度 26℃，相对湿度 75%。

（2）实验药品　山蒟粗提取物由实验小组成员经甲醇浸泡、抽滤、浓缩、石油醚萃取得到。实验前称取 0.2g，用丙酮定容至 8mg/mL，置于 0℃冰箱保存，作为母液，实验时梯度稀释到所要浓度。

2. 试验方法

（1）毒杀瓜实蝇发育 3d 成虫试验　采用胃毒法，用对半稀释的方法配制物质量浓度分别为 8mg/mL、4mg/mL、2mg/mL、1mg/mL、0.5mg/mL、0.25mg/mL、0.125mg/mL 的药液。称取 1g 白砂糖和 1g 酵母粉作为成虫饲料，置于直径 2cm、高 6cm 的平底杯中，取 2mL 配制好的药液均匀注入平底杯中，药液刚好浸润成虫饲料，置于通风口处吹 12h，使丙酮挥发。抓取瓜实蝇羽化后 3d 的成虫，放入冰箱中 5min，冷冻麻醉，视瓜实蝇倒下，迅速计数接入平底杯，每个处理重复 3 次，每次重复 10 只瓜实蝇，丙酮处理成虫饲料作空白对照。杯口部用纱布蒙上，并且在纱布外加一吸水脱脂棉供瓜实蝇取水，于处理后 12、24、36、48h 统计死亡个数。

（2）毒杀瓜实蝇孵化 3d 幼虫试验　采用胃毒法，取定容好的山蒟提取物采用对半稀释的方法配制物质量浓度分别为 8mg/mL、4mg/mL、2mg/mL、1mg/mL、0.5mg/mL、0.25mg/mL、0.125mg/mL 的药液。称取 2g 幼虫饲料于直径 2cm、高 6cm 的塑料杯中，取 2mL 配制好的药液均匀滴入平底杯中，药液刚好浸过瓜实蝇幼虫饲料，置于通风口处吹 12h，使丙酮挥发。用毛笔抓取瓜实蝇 3d 幼虫，接入塑料杯中，每个处理重复 3 次，每次重复 15 只瓜实蝇，丙酮处理幼虫饲料作为空白对照。杯口部用纱布蒙上，处理 12、24、36、48h 统计幼虫死亡个数。

（3）毒杀瓜实蝇化蛹 1d 蛹试验　采用浸渍法，取定容好的山蒟提取物采用对半稀释的方法配制物质量浓度分别为 8mg/mL、4mg/mL、2mg/mL、1mg/mL、0.5mg/mL、0.25mg/mL、0.125mg/mL 的药液。将同一批瓜实蝇蛹放入 7 个不同浓度药液中浸泡 30s 后取出，自然晾干，然后将浸过同浓度药的蛹 30 个放入平底杯中。以丙酮为空白对照，每个处理重复三次，每天清除已羽化的瓜实蝇成虫，待不再有成虫羽化后，检查未羽化个数，计算未羽化率。

（4）毒杀橘小实蝇发育 3d 成虫试验　采用胃毒法，采用对半稀释的方法配制质量浓度分别为 8mg/mL、4mg/mL、2mg/mL、1mg/mL、0.5mg/mL、0.25mg/mL、0.125mg/mL 的药液。称取 1g 白砂糖和 1g 酵母粉作为成虫饲料，置于直径 2cm、高 6cm 的平底杯中，取 2mL 配制好的药液均匀注入平底杯中，药液刚好浸润成虫饲料，置于通风口处吹 12h，使丙酮挥发。抓取橘小实蝇羽化后 3d 的成虫，放入冰箱中 5min，冷冻麻醉，视橘小实蝇倒下，迅速计数接入平底杯，每个处理重复 3 次，每次重复 15 只橘小实蝇，丙酮处理成虫饲料作空白对照。杯口部用纱布蒙上，并且在纱布外加一吸水脱脂棉供橘小实蝇取水。于处理后 12、24、36、48h 统计死亡个数。

（5）毒杀橘小实蝇孵化 3d 蝇幼虫试验　采用胃毒法，取定容好的山蒟提取物采用对半稀释的方法配制质量浓度分别为 8mg/mL、4mg/mL、2mg/mL、1mg/mL、0.5mg/mL、0.25mg/mL、0.125mg/mL 的药液。称取 2g 幼虫饲料于直径 2cm、高 6cm 的塑料杯中，取 2mL 配制好的药液均匀滴入平底杯中，药液刚好浸过橘小实蝇幼虫饲料，置于通风口处吹 12h，使丙酮挥发。用毛笔抓取橘小实蝇 3d 幼虫，接入塑料杯中，每个处理重复 3 次，每次重复 15 只橘小实蝇，丙酮处理幼虫饲料作空白对照。杯口部用纱布蒙上，处理 12、24、36、48h 统计幼虫死亡个数。

（6）毒杀橘小实蝇化蛹 1d 蛹试验　采用浸渍法，取定容好的山蒟提取物采用对半稀释的方法配制质量浓度分别为 8mg/mL、4mg/mL、2mg/mL、1mg/mL、0.5mg/mL、0.25mg/mL、0.125mg/mL 的药液。将同一批橘小实蝇蛹放入 7 个不同浓度药液中浸泡 30s 后取出，自然晾干，然后将浸过同浓度药的蛹 30 个放入平底杯中。以丙酮为空白对照，每个处理重复三次，每天清除掉已羽化的橘小实蝇成虫，待不再有成虫羽化后，检查未羽化个数，计算未羽化率。

（7）数据处理　数据处理采用 DPS 处理软件。

死亡率(%)=(死亡虫数/总虫数)×100

校正死亡率(%)=[(处理死亡率－对照死亡率)/(1－对照死亡率)]×100

三、结果与分析

1. 毒杀瓜实蝇

（1）毒杀瓜实蝇发育 3d 成虫作用　如表 5-35 和表 5-36 所示，山蒟提取物对瓜实蝇 3d 成虫有毒杀活性，当供试浓度为 2mg/mL 时，处理 24h、48h 后的校正死亡率为 16.67%、23.33%，随着处理时间的延长，校正死亡率呈逐渐增大趋势。随着供试浓度增大，瓜实蝇 3d 成虫校正死亡率也增大，当供试浓度为 8mg/mL 时，处理后 24h、48h 的校正死亡率分别为 23.33%、26.67%。由山蒟提取物 24h、48h 对瓜实蝇 3d 成虫的毒力回归方程可得其 LC_{50} 分别为 100.0779mg/mL、61.0726mg/mL，山蒟提取物对瓜实蝇成虫杀虫活性一般。

（2）毒杀瓜实蝇孵化 3d 幼虫作用　如表 5-37 和表 5-38 所示，山蒟提取物对瓜实蝇 3d 幼虫具有很强的毒杀作用，当供试浓度为 2mg/mL 时，处理后 24h、48h 校正死亡率分别为 13.33%、44.44%，随着处理时间延长，校正死亡率逐渐增大。随着山蒟提取物供试浓度增大，瓜实蝇 3d 幼虫大量死亡，当供试浓度为 8mg/mL 时，24h、48h 校正死亡率分别为 40.00%、88.89%。由山蒟提取物对瓜实蝇 3d 幼虫 24h、48h 的毒力回归方程计算得其 LC_{50} 分别为 17.887mg/mL、2.565mg/mL，可见山蒟提取物对瓜实蝇有比较强的毒杀活性。

表 5-35　不同浓度山药对瓜实蝇发育 3d 成虫的毒杀作用

山药提取物	药后 24h		药后 48h	
浓度/(mg/mL)	死亡虫数/只	校正死亡率/%	死亡虫数/只	校正死亡率/%
8	7	23.33±0.0333a	8	26.67±0333a
4	5	16.67±0.0333ab	8	26.67±0.0333a
2	5	16.67±0.0333ab	7	23.33±0.0333ab
1	4	13.33±0.0333abc	5	16.67±0.0333ab
0.5	2	6.67±0.0333bc	3	10.00±0.0577ab
0.25	1	3.33±0.0333c	2	13.33±0.0333b
0.125	1	3.33±0.0333c	2	3.33±0.0333b
CK	0	0	0	0

表 5-36　山药提取物对瓜实蝇发育 3d 成虫毒杀活性的回归分析

药剂	时间/h	回归方程	相关系数	LC_{50} /(mg/mL)	95%置信区间
山药提取物	24	$y=0.632x+3.7357$	0.9669	100.0779	14.7549～410573.5
	48	$y=0.5741x+3.9747$	0.9670	61.0726	10.9947～66492.28

表 5-37　不同浓度山药对瓜实蝇孵化 3d 幼虫的毒杀作用

山药提取物	药后 24h		药后 48h	
浓度/(mg/mL)	死亡虫数/只	校正死亡率/%	死亡虫数/只	校正死亡率/%
8	18	40.00±0.0809a	40	88.89±0.0200a
4	7	15.56±0.0233b	21	46.67±0.0960b
2	6	13.33±0.0200bc	20	44.44±0.0376b
1	2	4.44±0.0233bc	10	22.22±0.0233c
0.5	1	2.22±0.0233c	6	13.33±0.0000c
0.25	2	4.44±0.0233c	6	13.33±0.0376c
0.125	0	0±0.0233c	5	11.11±0.0200c
CK	0	0±0d	0	0±0d

表 5-38　山药提取物对瓜实蝇孵化 3d 幼虫毒杀活性的回归分析

药剂	时间/h	回归方程	相关系数	LC_{50} /(mg/mL)	95%置信区间
山药提取物	24	$y=1.195x+3.5032$	0.8736	17.887	7.758～97.4105
	48	$y=1.236x+4.4941$	0.9132	2.5659	1.8511～3.6927

(3) 毒杀瓜实蝇化蛹1d蛹作用　如表5-39和表5-40所示，山药提取物对瓜实蝇化蛹1d蛹具有很强的毒杀作用，当供试浓度为2mg/mL时，处理后校正未羽化率为40.24%，随着处理时间延长，校正未羽化率逐渐增大。随着山药提取物供试浓度增大，瓜实蝇1d蛹未羽化率增大，当供试浓度为8mg/mL时，校正未羽化率为42.63%。由山药提取物对瓜实蝇化蛹1d蛹的毒力回归方程计算得其LC_{50}为12.560mg/mL，有比较强的对瓜实蝇蛹的毒杀活性。

表5-39　不同浓度山药提取物对瓜实蝇化蛹1d蛹的毒杀作用

药剂	浓度/(mg/mL)	供试蛹数/个	未羽化蛹数/个	校正未羽化率/%
山药提取物	8	90	43	42.63±0.0509a
	4	90	43	42.63±0.377a
	2	90	41	40.24±0.0979ab
	1	90	32	29.26±0.1806ab
	0.5	90	28	24.38±0.0221ab
	0.25	90	27	23.16±0.01293ab
	0.125	90	21	15.84±0.0546c
	CK	90	8	0.09±0d

表5-40　山药提取物对瓜实蝇化蛹1d蛹的毒杀作用回归分析

药剂	回归方程	相关系数	LC_{50} /(mg/mL)	95%置信区间
山药提取物	$y=0.4637x+4.4904$	0.9688	12.560	4.9862～106.9233

2. 毒杀橘小实蝇

(1) 毒杀橘小实蝇发育3d成虫作用　如表5-41和表5-42所示，山药提取物对橘小实蝇羽化3d成虫有毒杀活性，当供试浓度为2mg/mL时，处理后24h、48h的校正死亡率分别为10%、13.33%，随着处理时间的延长，校正死亡率呈逐渐增大趋势。随着供试浓度增大，橘小实蝇3d成虫校正死亡率也增大，当供试浓度为8mg/mL时，处理后24h、48h的校正死亡率分别为36.67%、40.00%。由山药提取物24h、48h对橘小实蝇3d成虫的毒力回归方程可得其LC_{50}分别为23.1373mg/mL、47.0411mg/mL，可见山药提取物对橘小实蝇成虫有较强的毒杀活性。

表 5-41　不同浓度山药提取物对橘小实蝇发育 3d 成虫的毒杀作用

山药提取物	药后 24h		药后 48h	
浓度/(mg/mL)	死亡虫数/只	校正死亡率/%	死亡虫数/只	校正死亡率/%
8	11	36.67±0.0333a	12	40.00±0.0333a
4	4	13.33±0.0333b	5	16.67±0.0333b
2	3	10.00±0.0577bc	4	13.33±0.0333b
1	2	6.67±0.0333bc	4	13.33±0.0333b
0.5	1	3.33±0.0333bc	4	66.10±0.0667b
0.25	1	3.33±0.0333bc	3	10.00±0.0577b
0.125	0	0±0.0000c	1	3.33±0.0333b
CK	0	0±0d	0	0±0d

表 5-42　山药提取物对橘小实蝇羽化 3d 成虫毒杀活性的回归分析

药剂	时间/h	回归方程	相关系数	LC_{50} /(mg/mL)	95%置信区间
山药提取物	24	$y=1.1151x+3.4787$	0.8668	23.1373	7.7418～411.9693
	48	$y=0.6464x+3.9190$	0.8879	47.0411	10.1531～9885.436

（2）毒杀橘小实蝇孵化 3d 幼虫作用　如表 5-43 和表 5-44 所示，山药提取物对橘小实蝇孵化 3d 幼虫具有很强的毒杀作用，当供试浓度为 2mg/mL 时，处理后 24h、48h 校正死亡率分别为 15.56%、53.33%，随着处理时间延长，校正死亡率逐渐增大。随着山药提取物供试浓度增大，橘小实蝇孵化 3d 幼虫大量死亡，当供试浓度为 8mg/mL 时，24h、48h 校正死亡率分别为 44.44%、83.32%。由山药提取物对橘小实蝇孵化 3d 幼虫 24h、48h 的毒力回归方程计算得其 LC_{50} 分别为 15.655mg/mL、1.6122mg/mL，山药提取物对橘小实蝇幼虫具有良好的毒杀活性。

表 5-43　山药对橘小实蝇孵化 3d 幼虫的毒杀作用

山药提取物	药后 24h		药后 48h	
浓度/(mg/mL)	死亡虫数/只	校正死亡率/%	死亡虫数/只	校正死亡率/%
8	20	44.44±0.0593a	38	83.32±0.1507a
4	15	33.33±0.0376a	31	66.66±0.187ab

续表

山药提取物	药后 24h		药后 48h	
浓度/(mg/mL)	死亡虫数/只	校正死亡率/%	死亡虫数/只	校正死亡率/%
2	7	15.56±0.0233b	24	53.33±0.0529abc
1	5	11.11±0.0200b	24	49.98±0.0348abc
0.5	5	11.11±0.0200b	11	19.01±0.0173bc
0.25	4	8.89±0.0200b	11	19.01±0.0176bc
0.125	2	4.44±0.0433b	5	4.73±0.0404c
CK	0	0±0d	3	0.33±0d

表 5-44　山药提取物对橘小实蝇孵化 3d 幼虫毒杀活性的回归分析

药剂	时间/h	回归方程	相关系数	LC_{50} /(mg/mL)	95%置信区间
山药提取物	24	$y=0.8494x+3.9853$	0.9545	15.655	6.8018～82.6255
	48	$y=1.2930x+4.7318$	0.9774	1.6122	1.1843～2.3443

（3）毒杀橘小实蝇化蛹 1d 蛹作用　如表 5-45 和表 5-46 所示，山药提取物对橘小实蝇化蛹 1d 蛹具有很强的毒杀作用，当供试浓度为 2mg/mL 时，处理后校正未羽化率为 38.96%，随着处理时间延长，校正未羽化率逐渐增大。随着山药提取物供试浓度增大，橘小实蝇化蛹 1d 蛹未羽化率增大，当供试浓度为 8mg/mL 时，校正死亡率为 51.95%。由山药提取物对瓜实蝇化蛹 1d 蛹的毒力回归方程计算得其 LC_{50} 为 6.9169mg/mL，可见山药提取物对橘小实蝇蛹有比较强的毒杀效果。

表 5-45　山药提取物对橘小实蝇化蛹 1d 蛹的毒杀作用

药剂	浓度/(mg/mL)	供试蛹数/个	未羽化蛹数/个	校正未羽化率/%
山药提取物	8	90	53	51.95±0.0145a
	4	90	49	46.76±0.0346a
	2	90	43	38.96±0.0784a
	1	90	36	29.87±0.0769ab
	0.5	90	37	31.17±0.0557ab
	0.25	90	36	29.87±0.0517ab
	0.125	90	27	18.87±0.0333b
	CK	90	13	0

表 5-46 山药提取物对橘小实蝇化蛹 1d 蛹的毒杀作用回归分析

药剂	回归方程	相关系数	LC_{50} /(mg/mL)	95%置信区间
山药提取物	$y=0.4688x+4.6063$	0.9568	6.9169	3.161～42.2164

四、结论与讨论

本研究从开发植物源农药的角度研究了山药提取物对瓜实蝇和橘小实蝇的毒杀活性，证明了山药提取物对瓜实蝇蛹、瓜实蝇幼虫、橘小实蝇蛹和橘小实蝇幼虫都有较好的毒杀活性，对瓜实蝇成虫和橘小实蝇成虫有一定的毒杀活性。用 8mg/mL 的山药提取物在处理 48h 后，对瓜实蝇幼虫和橘小实蝇幼虫的 LC_{50} 分别是 2.5659mg/mL 和 1.6122mg/mL。8mg/mL 的山药提取物处理 48h 瓜实蝇蛹和橘小实蝇蛹后的校正未羽化率分别是 42.63% 和 51.95%。由于瓜实蝇和橘小实蝇的危害主要是幼虫钻蛀，导致瓜果肉腐烂脱落，瓜果产量和质量大大降低。因此，采用山药提取物防治瓜实蝇和橘小实蝇幼虫有广阔的前景。

据上述分析，山药一方面可以控制瓜实蝇和橘小实蝇幼虫和成虫种群数量，另一方面可以通过毒杀虫蛹影响瓜实蝇和橘小实蝇羽化率及幼虫的成活率，进而影响瓜实蝇和橘小实蝇的种群数量。山药成分复杂，可以作用于不同的靶标，更不容易产生抗性。

在对成虫进行活性试验的过程中，发现山药提取物对瓜实蝇和橘小实蝇的毒杀活性不理想，推测可能成虫取食含毒饲料量太少，接触药物有限。试验中使用的都是直接配制的原药，建议配制成剂型，可能会有更好的活性。关于山药中活性成分的追踪、筛选和提纯以及高活性物质的利用方法，山药对瓜实蝇和橘小实蝇的毒杀机理，还有待于进一步的研究。

参 考 文 献

[1] 唐启义，冯明光. DPS 数据处理系统：实验设计、统计分析及数据挖掘 [M]. 北京：科学技术出版社，2007：80-86.

[2] 张志祥，徐汉虹，程东美. EXCEL 在毒力回归计算中的应用 [J]. 昆虫知识，2002，39 (1)：67-70.

[3] 陈义群，黄宏辉，林明光，等. 椰心叶甲在国外的发生与防治 [J]. 植物检疫，2004，18 (4)：250-253.

[4] 张志祥，程东美，江定心，等. 椰心叶甲的传播危害及防治方法 [J]. 昆虫知识，2004，

41 (6): 522-526.

[5] 陆永跃，曾玲，王琳，等．棕榈科植物有害生物椰心叶甲的风险性分析［J］．华东昆虫学报，2004，13 (2): 17-20.

[6] 罗都强，冯俊涛，胡瓒，等．雷公藤总生物碱分离及杀虫活性研究［J］．西北农林科技大学学报，2001，29 (2): 61-64.

[7] 唐启义，冯明光．DPS 数据处理系统：实验设计、统计分析及数据挖掘［M］．北京：科学技术出版社，2007，130-137.

[8] 冯岗，张静，金启安，等．鱼藤酮对椰心叶甲的生物活性［J］．热带作物学报，2010，31 (4): 636-639.

[9] 沈志强，段理，陈植和．滇产胡椒属植物醇提物抗血小板活性研究［J］．天然产物研究与开发，1999，11 (2)，27-31.

[10] 蔡少青，王璇．常用中药材品种整理与质量研究（北方编）第六册［M］．北京：北京医科大学出版社，2003.

[11] 邹先伟，蒋志胜．杀虫植物的研究新进展及应用发展前景［J］．农药，2004，43 (11)，481-486.

[12] 董存柱．山蒟杀虫活性及有效成分研究［D］．广州：华南农业大学，2009.

[13] 郭世俭，宋会鸣，林文彩，等．不同种类杀虫剂对斜纹夜蛾的药效评价［J］．中国蔬菜，1997，1 (4): 1-3.

[14] 秦厚国，叶正襄，黄水金，等．不同寄主植物与斜纹夜蛾喜食程度、生长发育及存活率的关系研究［J］．中国生态农业学报，2004，12 (2): 40-42.

[15] 齐国康．不同杀虫剂对斜纹夜蛾的防效试验［J］．现代农业科技，2009，(1): 121-121.

[16] Murai T. Development and reproductive capacity of Thrips hawaiiensis (Thysanoptera: Thripidae) and its potential as a major pest [J]. Bulletin of Entomological Research, 2001, 91 (3): 193.

[17] 林明光，刘福秀，彭正强，等．海南省香蕉作物害虫调查与鉴定［J］．西南农业学报，2009 ，22 (6): 1619-1622.

[18] 卢辉，钟义海，刘奎，等．香蕉花蓟马对不同颜色的趋性及田间诱集效果研究［J］．植物保护，2011，37 (2): 145-147.

[19] 蔡云鹏，黄明道，陈新评．香蕉园内花蓟马之发生及其为害［J］．中华昆虫，1992，12 (4): 231-237.

[20] 庄礼珂，朱文，胡坚，等．海杧果叶提取物对斜纹夜蛾毒杀和拒食活性初探［J］．植物保护，2009，35 (4): 114-117.

[21] 郭章碧，宋东宝，颜冬冬，等．万寿菊对斜纹夜蛾的生物活性测定［J］．江西农业大学学报，2010，03: 479-484.

[22] 程英，李凤良，金剑雪，等．敌百虫与其他杀虫剂复配对斜纹夜蛾幼虫的毒力测定［J］．贵州农业科学，2008，36 (1): 95-96.

[23] 张宗炳．杀虫药剂的毒力测定（原理方法应用）［M］．北京：科学出版社，1988，203-219.

[24] 彭成绩，蔡明段．荔枝、龙眼病虫害无公害防治彩色图说［M］．北京：中国农业出版

社，2003，38-41.
[25] 许长藩，陈景耀，夏雨华，等. 荔枝蝽传播龙眼鬼帚病的研究［J］. 植物病理学报，1994，03（24）：284.
[26] 刘奎，许江，林上统，等. 防治豇豆蚜虫和美洲斑潜蝇的田间药效试验［A］. 中国蔬菜，2010（6）：63-66.
[27] 卢芙萍，赵冬香，刘业平，等. 印楝种子提取物对荔枝蝽的毒性及与其等位酶基因型之间的关系［J］. 昆虫学报，2006，49（2）：241-246.
[28] 赵旭东，刘永杰，沈晋良，等. 杀虫剂对斜纹夜蛾幼虫的毒力研究［J］. 农药科学与管理，2004，25（4）：12-15.
[29] 刘悦秋，江幸福. 甜菜夜蛾的生物防治［J］. 植物保护，2008，28（1）：54-56.
[30] 段学慧，段澄，李红. 石家庄地区甜菜夜蛾的发生及防治［J］. 天津农业科学，2005，11（4）：39-41.
[31] 白明杰，等. 赤拟谷盗生活史参数变化研究［J］. 粮食储藏，1999，28（3）：8-14.
[32] 仵均祥. 农业昆虫学［M］. 北京：中国农业出版社，2002：276-280.
[33] 中华人民共和国动植物检疫局，农业部植物检疫实验所. 中国进境植物检疫有害生物选编［M］. 北京：中国农业出版社，1997.
[34] 陈耀溪. 仓库害虫［M］. 北京：农业出版社，1984.
[35] 郑州粮食学院，吉林财贸学院. 仓库昆虫［M］. 北京：中国财政经济出版社，1986.
[36] 董存柱，王禹，徐汉虹，等. 山药对椰心叶甲的生物活性研究［J］. 热带作物学报，2011，32（12）：2316-2319.
[37] 杨小军，杨立军，王少南，等. 药剂对黄瓜白粉病菌的生物活性测定方法的比较［J］. 湖北农业科学，2004，（3）：71-74.
[38] 郭彩霞，王沫. 多汁乳菇粗提取物对甜菜夜蛾生物活性研究［J］. 农药合成、加工、检测和应用，2011，（7）：301-305.
[39] 韩群鑫，黄寿山. 丁香酚对赤拟谷盗的生物活性［J］. 重庆师范大学报，2009，（7）：16-19.
[40] 张治军，郦卫弟，贝亚维，等. 温度对黑腹果蝇生长发育、繁殖和种群增长的影响［J］. 浙江农业学报，2013，25（3）：520-525.
[41] 王秉绅. 黄曲条跳甲的鉴别及为害特点［J］. 农技服务，2009，26（1）：81-82.
[42] 刘琦，杨美林，秦小萍，等. 肿柄菊粗提物对果蝇胃毒、驱避、触杀、熏蒸效果的研究［J］. 中国农学通报，2012，28（33）：253-256.
[43] 王璐，辛芳，许乐乐，等. 5种麻醉方法对果蝇麻醉效应的探究［J］. 生物学通报，2012，47（5）：51-54.
[44] 陈焕瑜，胡珍娣，包华理，等. 植物源杀虫剂对黄曲条跳甲的控制效果［J］. 广东农业科学，2013（5）：76-77.
[45] 杨建云，向亚林，田耀加，等. 几种生物制剂对黄曲条跳甲卵及幼虫的活性测定［J］. 广东农业科学，2013（2）：65-72.
[46] 张庭英，江定心，徐汉虹，等. 5%鱼藤酮微乳剂对黄曲条跳甲的室内毒力测定［J］. 湖北植保，2011，（6）：9-11.

[47] 季虹. 生物农药的优点及应用注意事项 [J]. 现代农业科技，2013，4 (31)：173-176.
[48] 周治德，李晓刚，李桂银，等. 植物源农药的现状及发展趋势 [J]. 广东化工，2013，40 (19)：68-69.
[49] 陈群航，陈仁，聂德毅，等. 瓜实蝇发生危害及诱捕技术. 植物保护，2005，31 (6)：63-65.
[50] 朱春刚，毕庆泗，周玲琴，等. 橘小实蝇在城市绿地中发生危害规律的研究，现代农业科学，2008，(10)：75-78.
[51] 董存柱，徐汉虹. 山蒟 (*Piper hancei* Maxim) 杀虫活性初步研究 [J]. 农药，2012，51 (2)：141-143.

第六章

山蒟精油成分及杀虫活性

一、植物精油及赤拟谷盗简介

赤拟谷盗（*Tribolium castaneum* Herbst）属鞘翅目（Coleoptera）拟步行虫科（Tenebrionidae），是世界性的重要储粮害虫，其食性杂，对稻谷、小麦、玉米等各种粮食、油料、肉类及其加工品、毛皮、食用菌、皮革、动植物性药材等均可造成严重危害，其中以粉类受害最严重。成虫体上的臭腺分泌物易使被害物结块、变色，发出腥霉臭气，其分泌物还含有致癌物苯醌。在温湿度适宜条件下，赤拟谷盗可以大量繁殖，而且防治困难。

长期以来，对赤拟谷盗等储粮害虫的防治一般采用化学熏蒸剂和防护剂，主要是溴甲烷和磷化氢等药剂，但是目前溴甲烷被禁用、害虫对磷化氢抗性日益增强，而且产生了粮食品质下降、食品安全风险增加等诸多问题。因此，开发新型绿色环保的储粮害虫防治剂是摆在我们面前的重要研究课题。

植物精油是植物的不同组织部位如根茎、叶、花、果实等产生的一类植物源次生代谢物质，其对害虫的作用方式多样，包括熏蒸、驱避、拒食、引诱、触杀、抑制生长发育等，并且取材广泛，具有不影响粮食品质、不污染环境、对人畜安全、害虫不易产生抗药性等特点，为储粮害虫的防治打开了新思路。近年来，国内外有关植物精油作为绿色环保杀虫剂应用于储粮害虫防治的研究，取得了较大的进展。

二、材料与方法

1. 试验材料

（1）供试植物　山蒟材料购自安徽省亳州市皖北赵氏药业，由中国热带农业科学院热带作物品种资源研究所王清隆鉴定为山蒟样品，储存于海南大学热带农林学院天然产物研究实验室。置于室内阴干后将根茎与叶分开并剪成小段，分别置于电热恒温鼓风干燥箱中，控温（50±2)℃，烘干至发脆。根茎和叶在植物粉碎机中粉碎，称重得 12.5kg。密封置于冰箱备用。

（2）供试昆虫　赤拟谷盗来源于粮油加工厂，经海南大学热带农林学院叶卫东鉴定为赤拟谷盗。麦麸与面粉以 7∶3 的比例混匀作为饲养饲料，饲料使用前在 80℃下消毒 2h，将饲料分装于袋子中，接入赤拟谷盗成虫后，置于温度（27±1)℃，相对湿度（70±5)%，黑暗的条件下饲养，7～10d 后筛去成虫，待下一代成虫大量出现后 7～14d，筛出成虫供试。

（3）仪器设备（表 6-1）

表 6-1　仪器与设备

仪器名称	型号	生产厂家
电热恒温鼓风干燥箱	FED400	德国 BINDER
蛇形冷凝管	600mm/24 * 24	三爱思
蒸馏瓶	3000ml	三爱思
磨口挥发油测定仪	10ml	三爱思
电子万用电炉	DK-98-11	天津市泰斯特仪器有限公司
冷却水循环机	CA-1111	日本 EYELA 公司
质谱联用仪(GC-MS)	7890A	美国佛罗里达赛默飞世尔公司
柱色谱	350ml	美国波美
硅胶薄层板	GF-254	青岛海洋化工厂
旋转蒸发仪	N-1100	日本 EYELA 公司
水流抽气机	A-1000S	日本 EYELA 公司
电子天平	TP-A2000	福州华东科学仪器有限公司
电子分析天平	ME-104	瑞士 METTLER TOLEDO 公司
超声波清洗器	SB-800DT	瑞芝
紫外仪	WD-9403	北京六一生物科技有限公司

(4) 试剂　甲醇、丙酮、石油醚，三种试剂均为分析纯，均为天津化学试剂三厂生产。

2. 试验方法

(1) 山蒟精油的提取　电子天平称取 400g 山蒟的干粉置于 5000mL 的蒸馏烧瓶中，组装挥发油测定仪，加入 3000mL 蒸馏水。工作时，先打开冷凝装置控温在 (8±2)℃，电炉加热装置控温在 (1500W)。蒸馏烧瓶中的水沸腾时开始计算，共蒸馏 5h，将集中在挥发性油水分离器中的精油取出转移入 10mL 的具塞试管中保存，用无水硫酸钠除水后密封于－4℃的冰柜内保存备用。

(2) 山蒟精油的色谱柱分离　称取 150g 硅胶，石油醚将硅胶稀释，不间断搅拌，赶出硅胶中气泡，缓慢倒入 3cm(直径)×30cm(高) 的色谱柱中，待装好后称量 9.9431g 精油缓慢加入，待精油加完并刚好渗入色谱柱时加入石英砂约 1～2cm。石油醚-丙酮 (100∶0)～(0∶100) 梯度洗脱，硅胶板检验，相同流分合并后置于冰箱中 0℃保存。

(3) GC-MS 测定精油成分

① 气象色谱条件　石英毛细管柱 HP-5MS（30m×0.25mm×0.25μm），程序升温：从 50℃开始，以 5℃/min 升到 100℃，再以 8℃/min 升到 220℃；载气为 He，柱流量 1.0mL/min，进样口温度 220℃，分流比为 100∶1。

② 质谱条件　EI 电源，电离电压 70eV，离子源温度 230℃。分离比100∶1，扫描范围 50～550，进样量为 0.2μL。

（4）山蒟精油提取物对赤拟谷盗成虫的熏蒸活性测定　采用三角瓶密闭熏蒸法，用剪刀将滤纸剪成 4cm×1cm 滤纸条穿上线后，将线穿过封口膜，挑取 20 头供试昆虫放入到 25mL 的三角瓶中，用微量移液枪分别移取 0.4μL、0.8μL、1.6μL、3.2μL、6.4μL 的精油滴在滤纸条上，并迅速把滤纸条悬于瓶中（不要与瓶壁接触），迅速用封口膜、橡皮筋封好瓶口，再向瓶口上覆盖一层报纸。以不加精油的实验组作空白对照，处理好的三角瓶置于温度(27±1)℃、相对湿度（70±5)％的黑暗条件下进行熏蒸处理，每次处理重复 3 次，分别熏蒸 24h、48h、72h、96h 后，检查各瓶熏蒸情况，记录死亡虫数，计算出死亡率。

（5）山蒟流分活性筛选　经过前期预实验确定 6.4μL/三角瓶（25mL）作为山蒟流分活性筛选浓度。方法同（4），筛选出熏蒸效果较好的成分进行毒力测定。

（6）山蒟精油有效活性成分毒力测定　通过（5）筛选山蒟精油的熏蒸活性成分，对具有较好的熏蒸成分进行毒力测定。经前期预实验，石竹烯、桧醇浓度梯度设置为 224μL/L、112μL/L、56μL/L、28μL/L、14μL/L。蛇麻烯、石竹烯氧化物、反-(＋)-橙花叔醇浓度梯度设置为 256μL/L、128μL/L、64μL/L、32μL/L、16μL/L。萘浓度梯度设置为 288μL/L、144μL/L、72μL/L、36μL/L、18μL/L。以不加精油的实验组作空白对照。方法同（4），测定山蒟精油有效活性成分毒力曲线并计算 LC_{50}。

3. 数据处理

死亡率(％)＝(死亡虫数/供试虫数)×100

校正死亡率(％)＝[(处理死亡率－对照死亡率)/(1－对照死亡率)]×100

DPS v9.50 版软件统计分析不同处理间的差异显著性（Duncan's 新复极差测定法），毒力测定分析采用毒力回归方法。

三、结果与分析

1. 山蒟精油的提取

通过水蒸气蒸馏法共收集 21mL 黄色透明山蒟精油。

2. 山药精油成分分析

毛细管气相色谱-质谱联用技术对山药精油成分分析，得到样品的总离子流图（TIC）如图 6-1 所示。通过对 TIC 中各峰用质谱扫描，经出境检疫局单位标准质谱数据库检索，并与标准图谱核对，对主要色谱峰加以确认，从而鉴定出山药精油中的化学成分，按峰面积归化法计算各化合物在精油中的百分含量，详见表 6-2。

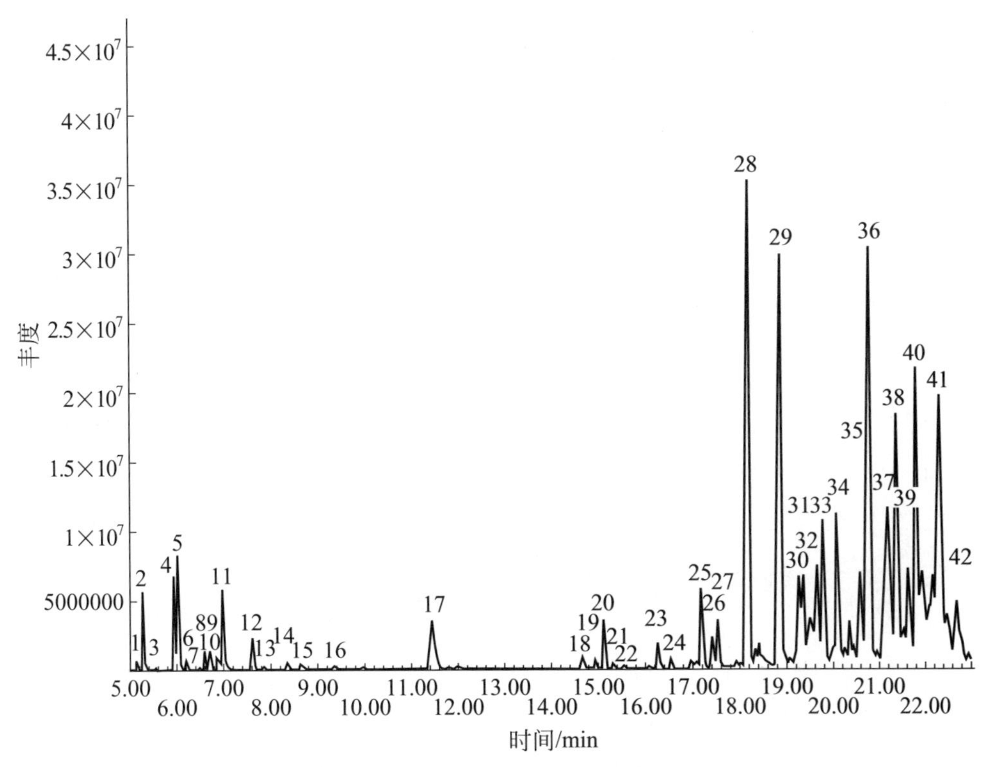

图 6-1　山药精油的总离子流图

表 6-2　山药精油提取物成分分析

峰号	化合物	保留时间/min	分子量	含量/%
1	环己基环己烷	5.141	166.30	0.109
2	α-蒎烯	5.275	136.23	0.982
3	莰烯	5.540	136.23	0.025
4	β-水芹烯	5.944	136.23	1.107
5	β-蒎烯	6.023	136.23	1.366

续表

峰号	化合物	保留时间/min	分子量	含量/%
6	β-月桂烯	6.194	136.23	0.158
7	α-水芹烯	6.485	136.23	0.048
8	3-蒈烯	6.595	136.23	0.278
9	1,3-环己二烯	6.714	80.12	0.322
10	对-聚伞花素	6.874	134.22	0.172
11	桧萜	6.985	136.23	1.678
12	γ-萜品烯	7.604	136.26	0.658
13	环己醇	7.837	100.16	0.082
14	异丁基酰胺	8.347	80.12	0.159
15	芳樟醇	8.639	154.25	0.184
16	环己烯-醇	9.355	98.14	0.071
17	萜烯醇	11.449	154.25	2.133
18	1(2*H*)-萘酮	14.665	144.18	0.320
19	醋酸冰片酯	14.942	196.29	0.209
20	2-十一(烷)酮	15.126	170.29	1.209
21	十一烷醇	15.325	172.31	0.101
22	叔丁基二甲基硅烷	15.548	115.27	0.074
23	环己烯	16.272	82.15	0.614
24	α-荜澄茄油烯	16.551	204.19	0.207
25	α-古巴烯	17.184	204.19	2.140
26	β-波旁烯	17.391	204.36	0.511
27	环己烷	17.530	84.16	1.026
28	石竹烯	18.194	204.36	13.319
29	蛇麻烯	18.875	204.36	13.624
30	γ-衣兰油烯	19.245	204.35	2.367
31	樟脑	19.342	152.28	2.731
32	甘菊蓝	19.491	128.17	0.707
33	β-甜没药烯	19.645	204.36	1.981

续表

峰号	化合物	保留时间/min	分子量	含量/%
34	卫生球	19.787	204.36	2.810
35	环己甲醇	20.572	114.19	2.053
36	反-(+)-橙花叔醇	20.788	222.36	12.507
37	石竹烯氧化物	21.201	204.36	6.404
38	喇叭茶醇	21.379	222.36	6.694
39	1*R*-(1*R*,3*E*,7*E*,11*R*)-1,5,5,8-四甲基-12-氧杂双环[9.1.0]十二碳-3,7-二烯	21.625	220.35	1.770
40	桧醇	21.797	152.23	6.350
41	萘	22.319	128.18	8.525
42	α-红没药醇	22.674	222.40	2.313

从表6-2中可看出：蛇麻烯（13.624%），石竹烯（13.319%），反-(+)-橙花叔醇（12.507%），萘（8.525%），石竹烯氧化物（6.404%），喇叭茶醇（6.374%），桧醇（6.350%）含量较高，为主要成分。

3. 山药精油提取物对赤拟谷盗成虫的熏蒸毒力测定

由表6-3可看出山药精油提取物对赤拟谷盗成虫有一定的熏蒸效果，且随熏蒸时间的延长，熏蒸效果变好。熏蒸处理试虫24、48、72、96h时，LC_{50}分别为357.33μL/L、322.52μL/L、145.82μL/L、91.07μL/L，效果最好的为96h，这为进一步寻找山药精油中毒杀赤拟谷盗成虫活性较高的成分做好了铺垫工作。

表6-3　山药精油提取物的毒力曲线

处理时间/h	毒力曲线	LC_{50}/(μL/L)	95%置信区间	相关系数
24h	$y=1.9760x+0.0449$	357.33	234.0030～834.3417	0.8937
48h	$y=1.3491x+1.6157$	322.52	204.2900～864.3802	0.9733
72h	$y=1.8646x+0.9653$	145.82	116.2609～200.0997	0.9834
96h	$y=2.1587x+0.7703$	91.07	75.2076～110.3677	0.9884

4. 山药精油成分鉴定及熏蒸活性筛选

石油醚-丙酮（100∶0）～（0∶100）梯度洗脱，共分离出51个流分，经

GC-MS鉴定，共鉴定了13种主要成分。13种精油成分，分别在256μL/L的浓度下对赤拟谷盗成虫进行24、48、72、96h熏蒸，结果如表6-4所示。结果表明：在13种精油成分中，以桧醇对赤拟谷盗成虫的毒杀作用最强，熏蒸24、48、72、96h的校正死亡率分别为83.33%、90.00%、96.67%、100.00%，显著高于其他12种精油成分（$P<0.05$）；其次为石竹烯，熏蒸24、48、72、96h的校正死亡率分别为56.67%、86.67%、96.67%、100.00%，显著高于其他11种成分精油（$P<0.05$）。桧醇和石竹烯在速效性上超过其他10种精油成分，桧醇相对石竹烯速效性更好。蛇麻烯、反-(+)-橙花叔醇、萘、石竹烯氧化物也表现一定的杀赤拟谷盗成虫活性，在熏蒸处理96h处理后，蛇麻烯、石竹烯氧化物、反-(+)-橙花叔醇、萘测定的校正死亡率分别为93.33%、90.00%、83.33%、76.67%，可见在熏蒸毒杀效果上：蛇麻烯>石竹烯氧化物>反-(+)-橙花叔醇>萘。而喇叭茶醇、β-蒎烯、环己烷、β-水芹烯、萜烯醇、十一烷醇、2-十一（烷）酮7种成分精油对赤拟谷盗成虫无明显熏蒸作用。进一步对蛇麻烯、石竹烯、反-(+)-橙花叔醇、萘、石竹烯氧化物、桧醇6种成分进行熏蒸毒力测定，喇叭茶醇、β-蒎烯、环己烷、β-水芹烯、萜烯醇、十一烷醇、2-十一（烷）酮7种成分的熏蒸作用不明显，不考虑继续进行毒力测定。

表6-4　山药精油中13种成分对赤拟谷盗成虫的熏蒸作用

名称	浓度/(μL/L)	24h校正死亡率/%	48h校正死亡率/%	72h校正死亡率/%	96h校正死亡率/%
蛇麻烯	256	35.00±2.89d	63.33±4.41bc	86.67±4.41ab	93.33±4.41ab
石竹烯	256	56.67±6.01b	86.67±1.67a	96.67±3.33a	100.00±0.00a
反-(+)-橙花叔醇	256	46.67±4.41bc	53.33±10.93c	66.67±4.41c	83.33±1.67bc
萘	256	36.67±1.67cd	50.00±2.87c	53.33±4.41d	76.67±1.67c
石竹烯氧化物	256	43.33±7.26c	70.00±8.66b	83.33±4.41b	90.00±5.00ab
桧醇	256	83.33±4.40a	90.00±5.00a	96.67±1.67a	100.00±0.00a
喇叭茶醇	256	13.33±4.41e	23.33±6.01d	30.00±8.66e	50.00±12.58d
β-蒎烯	256	0.00±0.00f	0.00±0.00e	1.67±1.67f	1.67±1.67f
环己烷	256	3.33±1.67ef	5.00±2.87e	11.67±1.67f	25.00±5.00e
β-水芹烯	256	0.00±0.00f	1.67±1.67e	1.67±1.67f	6.67±1.67f
萜烯醇	256	0.00±0.00f	0.00±0.00e	0.00±0.00f	0.00±0.00f
十一烷醇	256	0.00±0.00f	0.00±0.00e	1.67±1.67f	8.33±1.67f
2-十一(烷)酮	256	0.00±0.00f	0.00±0.00e	0.00±0.00f	0.00±0.00f
CK	0	0.00±0.00f	0.00±0.00e	0.00±0.00f	0.00±0.00f

5. 山药精油主要成分对赤拟谷盗成虫的熏蒸毒力测定

如表 6-5 所示，蛇麻烯、石竹烯、反-(＋)-橙花叔醇、萘、石竹烯氧化物、桧醇 6 种精油成分对赤拟谷盗成虫的 LC_{50} 均随熏蒸时间的延长而逐渐减小，

表 6-5　山药精油主要成分对赤拟谷盗成虫的熏蒸作用

名称	处理时间/h	毒力曲线	LC_{50} /(μL/L)	95%置信区间	相关系数
蛇麻烯	24h	$y=0.9960x+1.7198$	1757.77	331.4300～9322.5900	0.9842
	48h	$y=1.4065x+2.1600$	104.50	80.6805～146.2911	0.9614
	72h	$y=1.9290x+1.3981$	73.66	60.2699～91.4394	0.9796
	96h	$y=1.8345x+1.8275$	53.62	42.2987～66.4785	0.9577
石竹烯	24h	$y=0.3478x+3.4407$	1487.94	201.70～16673.22	0.9302
	48h	$y=0.9067x+3.5681$	37.95	22.8330～55.0187	0.9866
	72h	$y=1.4216x+2.9761$	26.53	17.4158～35.4731	0.9657
	96h	$y=1.8445x+2.4381$	24.49	16.7693～31.8645	0.9903
反-(＋)-橙花叔醇	24h	$y=1.5986x+0.0441$	1429.73	406.1376～38332.6010	0.9374
	48h	$y=1.4321x+0.6807$	1037.41	393.9926～15915.0227	0.9060
	72h	$y=1.2387x+2.4519$	114.03	83.8306～176.6474	0.9837
	96h	$y=0.9678x+3.3297$	53.19	34.0018～77.8367	0.9896
萘	24h	$y=2.4942x+2.6160$	1131.16	285.2645～13051.2104	0.8909
	48h	$y=1.0527x+1.6167$	445.44	535.1164～44988.4197	0.9760
	72h	$y=1.6575x+1.0477$	242.40	166.5687～469.2493	0.9684
	96h	$y=0.7800x+3.8189$	32.68	12.7117～52.8910	0.9940
石竹烯氧化物	24h	$y=0.6706x+2.4554$	1833.83	325.2104～6807.7701	0.9886
	48h	$y=1.4969x+2.0212$	97.72	76.7667～132.0099	0.9921
	72h	$y=1.3089x+2.6252$	65.22	49.0379～87.0561	0.9876
	96h	$y=1.2402x+3.2776$	24.53	13.5287～35.1705	0.9995
桧醇	24h	$y=0.5822x+2.8689$	548.03	243.6894～9833.9197	0.9986
	48h	$y=0.9396x+3.5123$	38.32	23.6458～54.8800	0.9887
	72h	$y=1.0823x+3.5840$	20.33	10.2217～30.2941	0.9295
	96h	$y=1.0813x+3.8328$	12.00	4.1634～20.3623	0.9379

这说明6种精油成分的持效期较长。在熏蒸处理96h后，桧醇、石竹烯、石竹烯氧化物、萘、反-(+)-橙花叔醇、蛇麻烯的 LC_{50} 值分别为12.00μL/L、24.49μL/L、24.53μL/L、32.68μL/L、53.19μL/L、53.62μL/L，可见，不同的精油成分对赤拟谷盗成虫具有不同的熏蒸毒杀效果，6种精油成分中以桧醇的熏蒸效果最佳，其次为石竹烯，在实际应用中可推荐桧醇、石竹烯作为熏蒸药剂开发利用。

四、结论与讨论

山蒟精油是浅黄色具有浓香气味的油状液体，在温室下即可以很好地挥发，所以可以采用熏蒸实验验证其对赤拟谷盗成虫的毒杀效果。本实验得出了山蒟精油提取物及其主要成分对赤拟谷盗成虫具有较好的熏蒸毒杀作用的结论。在山蒟精油提取物熏蒸处理96h时，其 LC_{50} 为91.07μL/L，这说明山蒟精油提取物具有一定的杀赤拟谷盗成虫活性。在山蒟精油成分活性筛选试验中，以桧醇、石竹烯、蛇麻烯、石竹烯氧化物、反-(+)-橙花叔醇、萘6种成分精油的熏蒸毒杀效果较好，熏蒸处理96h时，校正死亡率分别为100.00%、100.00%、93.33%、90.00%、83.33%、76.67%，这说明桧醇和石竹烯的致死效果最佳，死亡率显著高于其他4种精油成分。毒力测定结果表明：在处理96h后，桧醇、石竹烯、石竹烯氧化物、萘、反-(+)-橙花叔醇、蛇麻烯的 LC_{50} 值分别为12.00μL/L、24.48μL/L、24.53μL/L、32.68μL/L、53.19μL/L、53.62μL/L，可见桧醇杀赤拟谷盗成虫的活性最好，其次为石竹烯。总体而言，6种山蒟精油成分中，可推荐桧醇、石竹烯作为熏蒸药剂开发利用，为赤拟谷盗成虫的防治提供新的方法。

用大蒜、柑橘皮、辣椒粉、臭椿树皮的精油对赤拟谷盗成虫和幼虫做熏蒸试验，结果表明4种精油对赤拟谷盗成虫毒杀作用不明显，对幼虫均有明显的毒杀作用。艾蒿油、黄樟油、臭椿油、高良姜油、留兰香油和八角茴香油对赤拟谷盗成虫都具有熏蒸活性，其中高良姜油和八角茴香油的毒杀作用最好，当熏蒸处理96h时，八角茴香油、高良姜油的 LC_{50} 分别7.03μL/L、15.79μL/L。在本试验中，山蒟精油提取物在熏蒸处理试虫96h时，LC_{50} 值为91.07μL/L，对于杀赤拟谷盗成虫的活性而言，山蒟精油提取物的效果优于大蒜精油、辣椒粉精油、柑橘皮精油、臭椿树皮精油，而与八角茴香油、高良姜油、留兰香油、臭椿油、艾蒿油和黄樟油的活性相当。

针对本研究的试验结果，下一步可研究山蒟精油提取物及其主要成分对赤拟谷盗不同虫态、不同龄期的毒杀活性，研究山蒟精油毒杀赤拟谷盗的作用机理，以及对其他重要储粮害虫的毒杀作用。

参 考 文 献

[1] 侯华民，张兴．植物精油杀虫活性的研究进展［J］．世界农业，2001（4）：263-265.

[2] 邓永学，王进军，鞠云美，等．九种植物精油对玉米象成虫的熏蒸作用比较［J］．农药学学报，2004，6（3）：85-88.

[3] 卢传兵，薛明，刘雨晴，等．黄荆挥发油对玉米象的生物活性及种群控制作用［J］．粮食储藏，2005，34（6）：13-16.

[4] 姚英娟，薛东，杨长举．21 种植物提取物对玉米象的生物活性［J］．昆虫学报，2005，48（5）：692-698.

[5] 周亮，杨峻山，涂光忠．山蒟化学成分的研究（I）［J］．中草药，2005，36（1）：13-15.

[6] 于立佐．海风藤及其伪品山蒟的理化鉴别［J］．中药材，1997，20（11）：558-559.

[7] 韩桂秋，李书明，李长龄，等．山蒟新木脂素成分的研究［J］．药学学报，1986，21（5）：361-365.

[8] 韩桂秋，魏丽华，李长龄，等．石南藤、山蒟活性成分的分离和结构鉴定［J］．药学学报，1989，24（6）：438-442.

[9] 李书明，韩桂秋．山蒟化学成分研究［J］．药学学报，1987，22（3）：196-262.

[10] 周亮，杨峻山，涂光忠．山蒟化学成分的研究［J］．中国药学杂志，2005，40（3）：184-185.

[11] 赖小平，刘心纯，陈建南，等．山蒟挥发油的化学成分［J］．中药，1995，18（3）：519-520.

[12] 李书明，韩桂秋．山蒟化学成分的研究［J］．植物学报，1987，29（3）：293-296.

[13] 孙绍美，於兰，刘俭，等．海风藤及其代用品药理作用的比较研究［J］．中草药，1998，29（10）：677-679.

[14] 赵淑芬，张建华，韩桂秋．山药醇提取物的抗血小板聚集作用［J］．首都医科大学学报，1996，11（1）：28-31.

[15] 沈科萍，李国林，毕阳，等．孜然精油对杂拟谷盗的熏蒸效果及代谢酶活的影响［J］．食品工业科技，2015，36（18）：320-325.

[16] Soumaya H，Mariam H C，Abdallah K，et al. Management of three pests' population strains from Tunisia and Algeria using Eucalyptus essential oils［J］. Industrial Crops and Products，2015，74（15）：551-556.

[17] 唐启义．DPS 数据处理系统：实验设计、统计分析及数据挖掘［M］．第 2 版．北京：科学技术出版社，2010：82-87，364-369.

[18] 吕建华，新民，自旭光，等．4 种植物精油对赤拟谷盗的控制作用研究［J］．河南农业科学，2006，（9）：68-71.

第七章

山蒟化合物杀虫活性

第一节　山药部分化合物对白纹伊蚊4龄幼虫的毒杀活性

一、山药部分化合物对白纹伊蚊4龄幼虫的活性筛选

山药分离化合物药液的配制：化合物分别取0.004g，溶于1mL丙酮中，以丙酮定容至2mL即为母液，超声波处理10min增加其溶解度。取母液1mL，自来水（阳光下放置12h脱氯）定容至100mL，对照为1mL丙酮以水定容至100mL。

毒杀活性测定：50mL药液转移入50mL烧杯，每个处理重复3次，每个烧杯放入发育一致的4龄幼虫，每次重复30头幼虫，于处理后12h统计结果，计算平均校正死亡率。

用水幼虫浸液法测定山药中分离到的化合物对白纹伊蚊4龄幼虫的毒杀活性，结果如表7-1所示。

表7-1　化合物对白纹伊蚊4龄幼虫的毒杀活性[①]

编号	化合物	12h校正死亡率/%	24h校正死亡率/%
SJ-1	马兜铃内酰胺AⅢa	18.77±13.22c[②]	18.77±13.22cd
SJ-2	马兜铃内酰胺Ⅱ	14.08±3.56c	14.08±3.56d
SJ-3	马兜铃内酰胺BⅡ	4.34±4.34c	4.34±4.34d
SJ-4	哥纳香内酰胺	5.55±5.55c	10.10±1.01d
SJ-5	马兜铃内酰胺BⅢ	0.00±0.00c	0.00±0.00d
SJ-6	马兜铃内酰胺AⅡ	46.92±6.01b	46.92±6.01b
SJ-7	4-羟基-3,5-二甲氧基苯甲酸	2.77±2.77c	7.32±1.76d
SJ-8	异东莨菪素	5.90±0.34c	8.68±2.43d
SJ-9	肉桂酸	1.72±1.72c	7.27±3.83d
SJ-10	*N-p*-香豆酰酪胺	1.66±1.66c	1.66±1.66d
SJ-11	假荜拨酰胺A	9.52±9.52c	42.85±9.52b
SJ-12	chingchengenamide A	100.00±0.00a	100.00±0.00a
SJ-13	*N*-反-阿魏酰酪胺	4.54±4.54c	4.54±4.54d

续表

编号	化合物	12h 校正死亡率/%	24h 校正死亡率/%
SJ-14	*N*-异丁基-反-2-反-4-癸二烯酰胺	0.00±0.00c	0.00±0.00d
SJ-15	荜茇宁	0.00±10.00c	33.04±6.95bc
SJ-16	马兜铃内酰胺 AⅢ	12.50±12.50c	12.50±12.50d
SJ-17	巴豆环氧素	5.88±5.88c	5.88±5.88d
SJ-18	icariside D2	0.00±0.00cc	0.00±0.00d
SJ-19	darendoside A	0.00±0.00c	0.00±0.00d

① 对白纹伊蚊 4 龄幼虫的测定浓度为 20μg/mL。

② 表中同列数据后小写字母相同者表示在 5%水平上差异不显著（DMRT 法），表中数据为平均值±S.E.。

从表 7-1 可以看出，在 12h 后，20μg/mL 浓度作用下，chingchengenamide A 对白纹伊蚊 4 龄幼虫有明显毒杀作用，校正平均死亡率可以达到 100%，在实验过程中观察到，化合物表现很强的毒杀活性，并且作用迅速，在配好的药液中接入白纹伊蚊幼虫，2h 能看到白蚊伊蚊幼虫沉到烧杯底部，不停地挣扎、扭动，已经没有能力浮起来，并很快完全死去。马兜铃内酰胺 AⅡ在20μg/mL 的浓度下，也有较好的对白纹伊蚊毒杀效果，校正平均死亡率达到 46.92%。马兜铃内酰胺 AⅢa、马兜铃内酰胺Ⅱ、马兜铃内酰胺 BⅡ、哥纳香内酰胺、马兜铃内酰胺 BⅢ、马兜铃内酰胺 AⅢ、马兜铃内酰胺 AⅡ是马兜铃内酰胺的 7 个同系物，为什么只有马兜铃内酰胺 AⅡ有一定毒杀白纹伊蚊的活性，这将在后面构效关系的研究中进行阐述。除了 chingchengenamide A 和马兜铃内酰胺 AⅡ对白纹伊蚊的毒杀效果较好外，其他 17 个化合物毒杀效果差异不显著，并且对白纹伊蚊几乎没有毒杀活性，包括一贯有良好杀虫活性的 *N*-异丁基-反-2-反-4-癸二烯酰胺也没有表现明显的对白纹伊蚊的毒杀活性。毒杀活性 chingchengenamide A＞马兜铃内酰胺 AⅡ。

在处理 24h 后，20μg/mL 作用浓度下，马兜铃内酰胺 AⅡ毒杀白纹伊蚊的效果没有提高，仍然保持在 46.92%，这时假荜拨酰胺 A 和荜茇宁的毒杀作用有一定的提高，分别达到 42.85%和 33.04%，其他 15 个化合物差异不显著，且没有明显作用效果，毒杀活性 chingchengenamide A＞马兜铃内酰胺 AⅡ＞假荜拨酰胺 A＞荜茇宁。

二、chingchengenamide A 处理白纹伊蚊 4 龄幼虫 12h 后的毒力

由于初筛中化合物 chingchengenamide A 对白纹伊蚊 4 龄幼虫表现良好的

毒杀活性，现测定 chingchengenamide A 毒杀白纹伊蚊 4 龄幼虫的 LC_{50}，设定五个质量浓度分别为 25.00μg/mL、12.50μg/mL、6.25μg/mL、3.12μg/mL、1.56μg/mL，由母液对半稀释方法配制，控制丙酮在水中的含量在 2%以内，以免丙酮对白纹伊蚊有较大的影响。只加与配制药液同样量的丙酮于水中作为对照。

由图 7-1 可以计算出化合物 chingchengenamide A 处理白纹伊蚊的 LC_{50} 为 5.37μg/mL，鱼藤酮对白纹伊蚊的 LC_{50} 为 21.51μg/mL，化合物 chingchengenamide A 对白纹伊蚊有较好的杀虫活性，有进一步研究的必要。

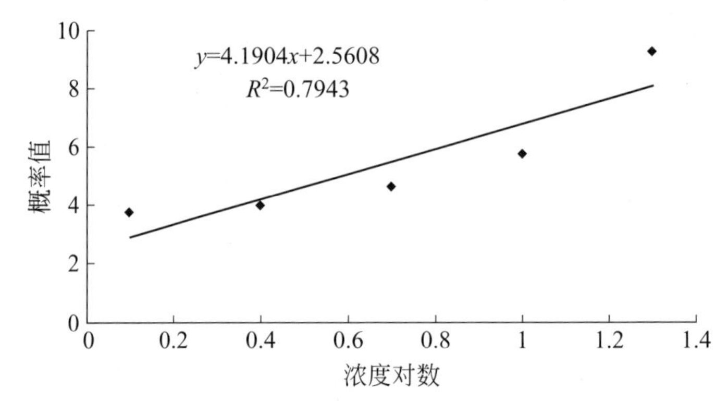

图 7-1 chingchengenamide A 处理白蚊伊蚊 12h 的毒力

三、马兜铃内酰胺 AⅡ 处理白纹伊蚊 4 龄幼虫 12h 后的毒力

由于在初筛中马兜铃内酰胺 AⅡ 对白纹伊蚊 4 龄幼虫也有一定的毒杀作用，现测定马兜铃内酰胺 AⅡ 作用白纹伊蚊的 LC_{50}，设定五个质量浓度分别为 40.0μg/mL、20.0μg/mL、10.0μg/mL、5.0μg/mL、2.5μg/mL，由母液对半稀释的方法配制，控制丙酮在水中的含量在 2%以内，以免丙酮对白纹伊

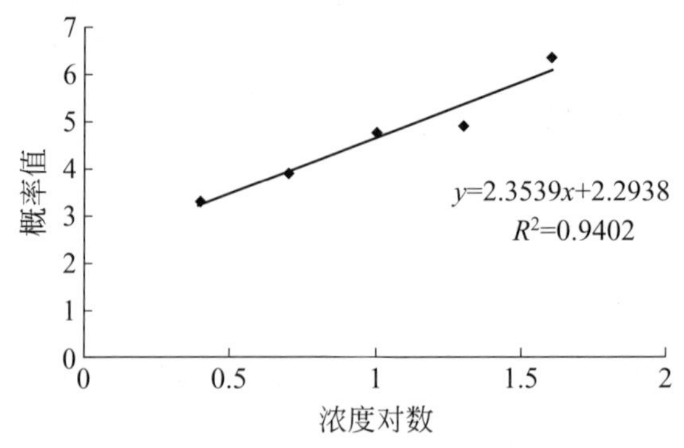

图 7-2 马兜铃内酰胺 AⅡ 处理白蚊伊蚊 12h 的毒力

蚊有较大的影响，只加与配制药液同样量的丙酮于水中作为对照。处理 12h 后，观察并记录接入虫的总虫数和死虫数，得出结果如图 7-2 所示。

由图 7-2 可以看出，马兜铃内酰胺 AⅡ 对白纹伊蚊 4 龄幼虫有一定的毒杀活性，LC_{50}达 15.32μg/mL，鱼藤酮对白纹伊蚊的 LC_{50} 为 21.51μg/mL。马兜铃内酰胺 AⅡ 对白纹伊蚊 4 龄幼虫的活性要高于药物对照鱼藤酮。

第二节　山蒟部分化合物对致倦库蚊 4 龄幼虫的毒杀活性

一、山蒟部分化合物对致倦库蚊 4 龄幼虫的活性筛选

山蒟分离化合物药液的配制：化合物分别取 0.004g，溶于 1mL 丙酮中，以丙酮定容至 2mL 即为母液，超声波处理 10min 增加其溶解度。取母液 1mL，自来水（阳光下放置 12h 脱氯）定容至 100mL，对照为 1mL 丙酮以水定容至 100mL。

毒杀活性测定：50mL 药液转移入 50mL 烧杯，每个处理重复 3 次，每个烧杯放入发育一致的 4 龄幼虫，每次重复 30 头幼虫，于处理后 12h 统计结果，计算平均校正死亡率。

用水稀释法测定从山蒟中分离到的 19 个化合物对致倦库蚊 4 龄幼虫的毒杀活性，处理时间分别是 12h 和 24h，结果如表 7-2 所示。

表 7-2　山蒟分离到的化合物对致倦库蚊 4 龄幼虫的毒杀活性[①]

编号	化合物	12h 校正死亡率/%	24h 校正死亡率/%
SJ-1	马兜铃内酰胺 AⅢa	5.40±5.40de[②]	5.40±5.40de
SJ-2	马兜铃内酰胺Ⅱ	77.28±8.43b	90.54±1.25ab
SJ-3	马兜铃内酰胺 BⅡ	9.54±0.45de	25.60±4.39cd
SJ-4	哥纳香内酰胺	3.70±3.70de	3.70±3.70e
SJ-5	马兜铃内酰胺 BⅢ	14.58±0.79de	14.58±0.79de
SJ-6	马兜铃内酰胺 AⅡ	32.19±7.19c	38.92±3.50c
SJ-7	4-羟基-3,5-二甲氧基苯甲酸	13.76±2.23de	13.76±2.23de
SJ-8	异东莨菪素	18.18±0.33d	18.18±0.33de

续表

编号	化合物	12h 校正死亡率/%	24h 校正死亡率/%
SJ-9	肉桂酸	9.54±0.45de	5.00±5.00de
SJ-10	*N*-*p*-香豆酰酪胺	2.32±2.02e	2.86±0.36e
SJ-11	假荜拨酰胺 A	100.00±0.00a	100.00±0.00a
SJ-12	chingchengenamide A	100.00±0.00a	100.00±0.00a
SJ-13	*N*-反-阿魏酰酪胺	0.00±0.00e	0.00±0.00e
SJ-14	*N*-异丁基-反-2-反-4-癸二烯酰胺	100.00±0.00a	100.00±0.00a
SJ-15	荜茇宁	88.46±11.53ab	88.46±11.53ab
SJ-16	马兜铃内酰胺 AⅢ	18.04±8.04d	75.00±25.00b
SJ-17	巴豆环氧素	2.00±2.00e	2.00±2.00e
SJ-18	icariside D2	0.00±0.00e	0.00±0.00e
SJ-19	darendoside A	4.86±1.01de	4.86±1.01de

① 对致倦库蚊 4 龄幼虫的测定浓度为 20μg/mL。

② 表中同列数据后小写字母相同者表示在 5%水平上差异不显著（DMRT 法），表中数据为平均值±S. E.。

由表 7-2 可以看出，在处理 12h 后，假荜拨酰胺 A、chingchengenamide A、*N*-异丁基-反-2-反-4-癸二烯酰胺、荜茇宁四个化合物对致倦库蚊 4 龄幼虫有很强的毒杀活性，其中假荜拨酰胺 A、chingchengenamide A、*N*-异丁基-反-2-反-4-癸二烯酰胺的校正死亡率都达到 100%，荜茇宁校正死亡率达到 88.46%。它们的结构式如图 7-3 所示，这四个化合物都有共同的特点，有很高的杀虫活性，平均校正死亡率的表现都明显高于另外的十几种化合物。从四个化合物的结构图可以看出，四个化合物都有共同的特征，都具有异丁基酰胺基团。但对于另外两个化合物 *N*-*p*-香豆酰酪胺、*N*-反-阿魏酰酪胺（图 7-4），虽然它们与图 7-3 的四个化合物有相似的结构，但都没有活性，可以看出它们与上述四个化合物比较大的差别就是都缺少异丁基基团，因此推测对于这类化合物，异丁基基团结构是必需的，异丁基基团是保持化合物活性最根本的结构。Latif 研究了由澳洲蜜茱萸中分离出的三个化合物（图 7-5）对家蝇的活性，结果显示 erythrococcamide A 对家蝇有很高的杀虫活性，但是 erythrococcamide B 和 fagaramide 没有表现出明显的杀虫活性，所以可以得出与异丁基酰胺相连的 2*E*，4*E*-二烯共轭结构也是必需的。至少从目前掌握的资料可以证明，有了这种基本结构可以保证化合物的基本活性。

在 7 个马兜铃内酰胺系列化合物中，处理 12h 后，马兜铃内酰胺Ⅱ（aris-

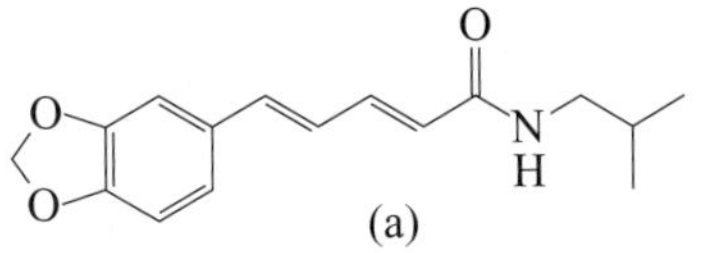

O
O
O
N
H
(a)

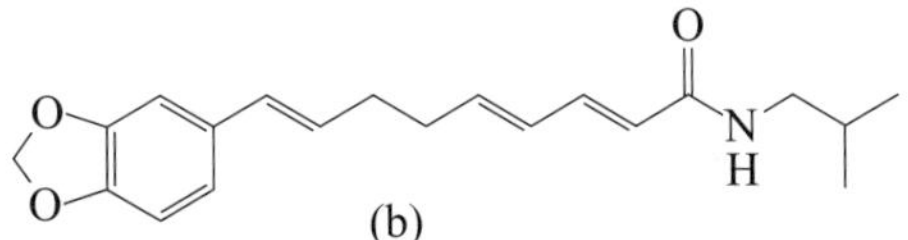

O
O
O
N
H
(b)

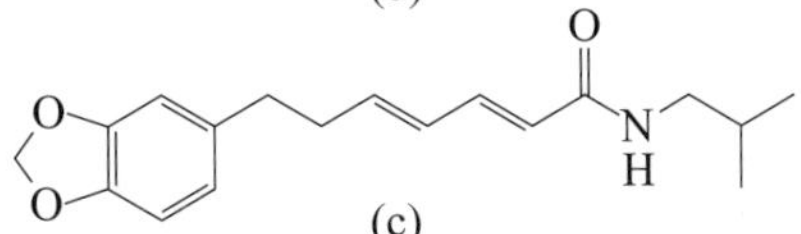

O
O
O
N
H
(c)

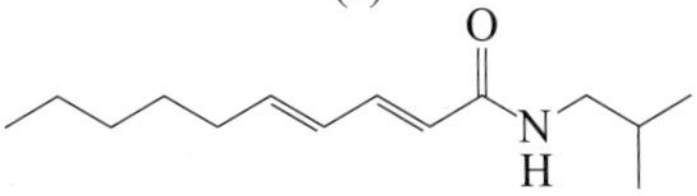

O
N
H
(d)

图 7-3　化合物荜茇宁（a），假荜拨酰胺 A（b），chingchengenamide A（c）和 *N*-异丁基-反-2-反-4-癸二烯酰胺（d）的结构式

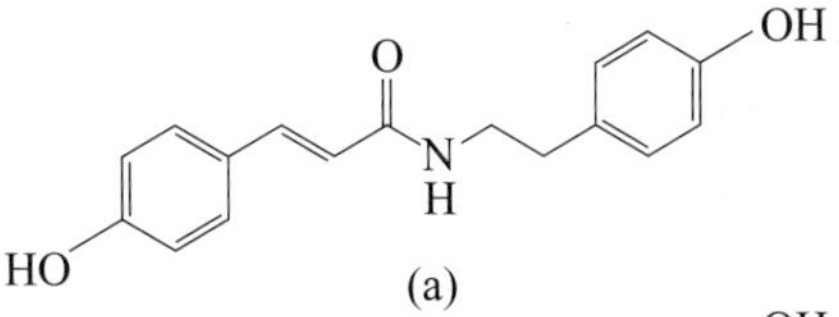

OH
O
N
H
HO
(a)

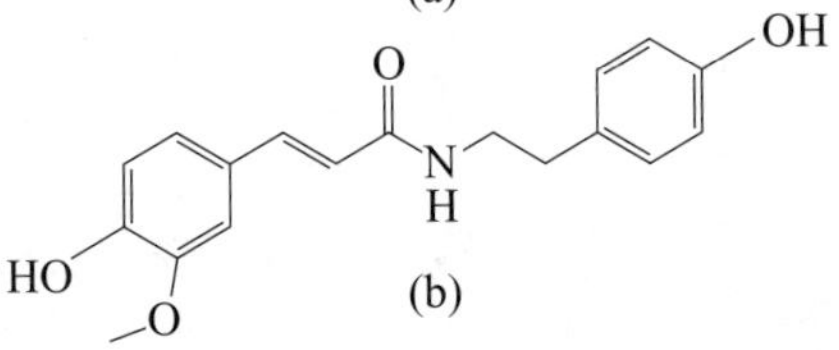

OH
O
N
H
HO
O
(b)

图 7-4　化合物 *N*-*p*-香豆酰酪胺（a）和 *N*-反-阿魏酰酪胺（b）的结构式

tololactam Ⅱ）有一定的杀虫活性，20μg/mL 下校正死亡率达到 77.28%，马兜铃内酰胺 AⅡ（aristololactam AⅡ）校正死亡率达到 32.19%，其他几个类似物没有明显的活性。

在处理 24h 后，马兜铃内酰胺Ⅱ对致倦库蚊 4 龄幼虫校正平均死亡率上升到 90.54%，马兜铃内酰胺 AⅢ的活性也提升很快，达到 75.00%，再下依次是马兜铃内酰胺 AⅡ，达到 38.92%，马兜铃内酰胺 BⅡ校正死亡率 25.60%。总的校正死亡率顺序是：假荜拨酰胺 A=chingcheenamide A=*N*-异丁基-反-2-反-4-癸二烯酰胺=荜茇宁=100%>马兜铃内酰胺Ⅱ>马兜铃内酰胺 AⅢ>马兜铃内酰胺 AⅡ。

20μg/mL 的浓度处理 12h 后，chingchengenamide A 的中毒症状如图 7-6 所示，致倦库蚊的头部明显变黑。从中毒症状来看，chingchengenamide A 对

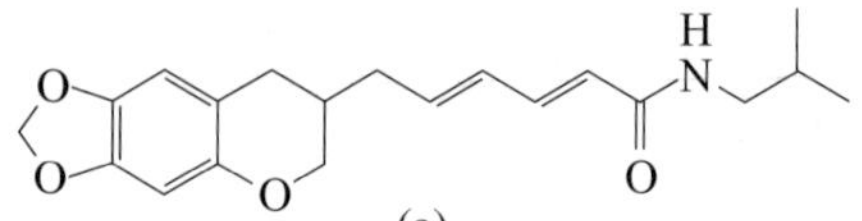

(a)

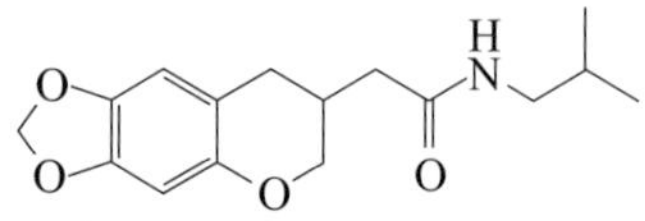

(b)

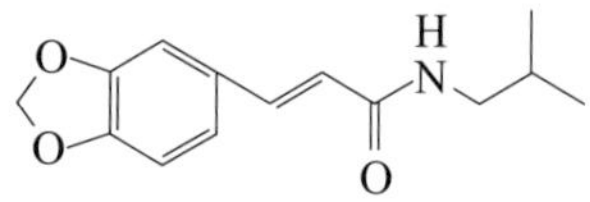

(c)

图 7-5 化合物 erythrococcamide A（a）、erythrococcamide B（b）和 fagaramide（c）的结构式

致倦库蚊作用明显，有光活化的表现，有待进一步研究。

从 chingchengenamide、*N*-异丁基-反-2-反-4-癸二烯酰胺、retrofractamide A 处理致倦库蚊 12h 后的症状可以看出（图 7-6～图 7-8），三个化合物都对致倦库蚊的头部影响明显，有变黑和萎缩的现象。

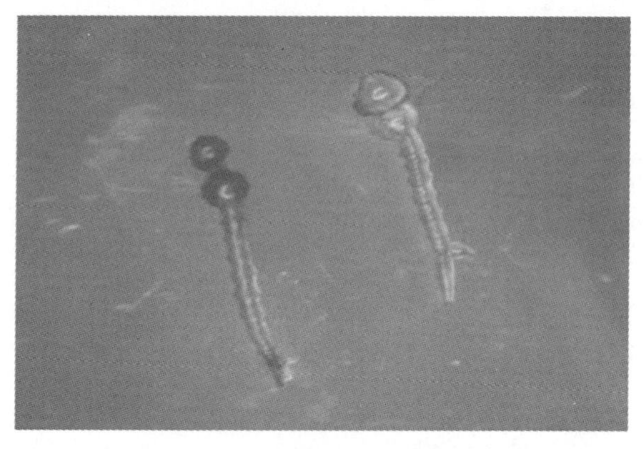

图 7-6 chingchengenamide 处理 12h 后致倦库蚊的症状，左为处理右为对照

二、五个高活性初筛化合物的毒力

如表 7-2 所示，在进行化合物的活性初步测定后，筛选出了 5 个有较高活性的化合物，现分别设定 20.00μg/mL、10.00μg/mL、5.00μg/mL、2.50μg/mL、1.25μg/mL 五个质量浓度，采用水稀释法测定致倦库蚊 4 龄幼虫的 LC_{50}。

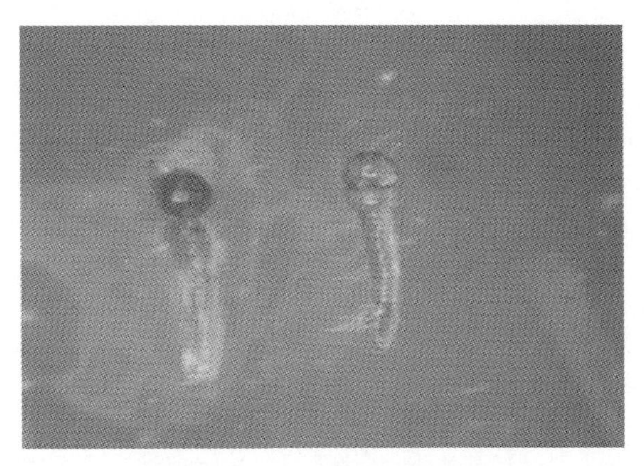

图 7-7　N-异丁基-反-2-反-4-癸二烯酰胺处理 12h 后致倦库蚊的症状，左为处理右为对照

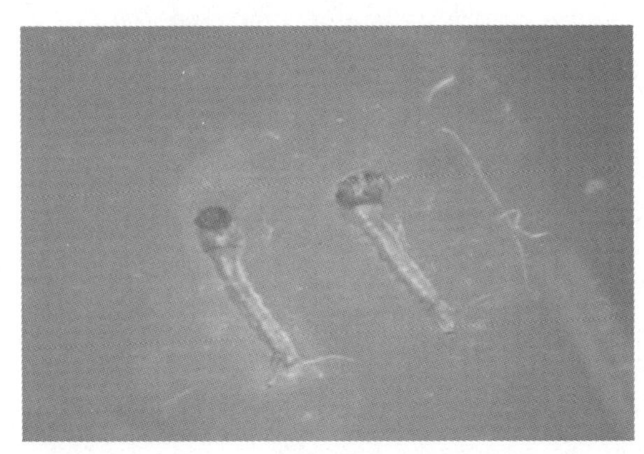

图 7-8　假荜拨酰胺 A 处理 12 小时后致倦库蚊的症状，左为处理右为对照

测定结果如表 7-3 所示，可以得出几种化合物 LC_{50} 的大小顺序为：N-异丁基-反-2-反-4-癸二烯酰胺＞马兜铃内酰胺Ⅱ＞鱼藤酮＞假荜拨酰胺 A＞荜茇宁＞chingchengenamide A。chingchengenamide A 的半致死浓度最低可以达到 1.0264μg/mL，表现出最高的毒杀活性，和试验中观察到的表观现象完全一致，假荜拨酰胺 A、荜茇宁和 chingchengenamide A 对致倦库蚊都表现出优良的毒杀活性，其 LC_{50} 都在 4μg/mL 以下。

表 7-3　化合物处理致倦库蚊 12h 的毒力

化合物	毒力回归方程	相关系数	LC_{50} /(μg/mL)	95%置信区间
假荜拨酰胺 A	$y=4.1710+1.6961x$	0.8692	3.0816	0.5540～6.0632
chingchengenamide A	$y=4.9821+1.5811x$	0.8733	1.0264	0.2824～1.8318

续表

化合物	毒力回归方程	相关系数	LC_{50} /(μg/mL)	95%置信区间
N-异丁基-反-2-反-4-癸二烯酰胺	$y=3.3668+1.6569x$	0.9910	9.6757	6.9657～15.7400
马兜铃内酰胺Ⅱ	$y=3.0913+2.1015x$	0.8890	8.0953	6.7840～10.0187
荜茇宁	$y=4.0824+2.0015x$	0.9285	2.8737	1.8734～3.8758
鱼藤酮(rotenone)	$y=3.3612+3.27x$	0.9656	3.1727	2.6212～3.9856

根据测定数据可以得出如下的构效关系：对于有活性的假荜拨酰胺A、chingchengenamide A、*N*-异丁基-反-2-反-4-癸二烯酰胺、荜茇宁四个化合物，其中假荜拨酰胺A、chingchengenamide A、荜茇宁三个化合物除具有前面提到的异丁基酰胺和与异丁基酰胺相连的共轭二烯外，还都具有如图7-9所示的3,4-亚甲二氧苯基结构，而*N*-异丁基-反-2-反-4-癸二烯酰胺不具有3,4-亚甲二氧苯基结构，但四个化合物都有较高的杀虫活性，可见3,4-亚甲二氧苯基并不是必需的基团，只是在3,4-亚甲二氧苯基存在的情况下，能改善化合物的活性强度，使这一类化合物活性有所增强。假荜拨酰胺A、chingchengenamide A、荜茇宁表现的杀虫活性明显强于不具有3,4-亚甲二氧苯基的*N*-异丁基-反-2-反-4-癸二烯酰胺，它们的LC_{50}分别是3.0816μg/mL，1.0264μg/mL，2.8737μg/mL和9.6757μg/mL，从数据也可以看出它们的活性因为结构不同的巨大差异。

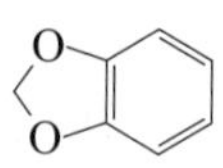

图7-9　3,4-亚甲二氧苯基

假荜拨酰胺A、chingchengenamide A、荜茇宁活性都有明显的增强，但从数据看其活性还是有一定的差别。假荜拨酰胺A和荜茇宁都包含和3,4-亚甲二氧苯基形成的共轭双键，但chingchengenamide A不包含和3,4-亚甲二氧苯基形成的共轭双键，结果是假荜拨酰胺A和荜茇宁的活性比chingchengenamide A的活性明显降低，也就意味着3,4-亚甲二氧苯基与双键形成的共轭反而降低了活性化合物的活性。

chingchengenamide A在20μg/mL浓度下处理致倦库蚊和白纹伊蚊，都表现出快速、高效的毒杀效果，并且白纹伊蚊同时测试的其他化合物都没有表现出明显的杀虫活性。结合图7-3和表7-3分析，3,4-亚甲二氧苯基存在的情况下，活性更高，作用更迅速。荜茇宁和假荜拨酰胺A两个化合物，与亚甲二氧苯基相连的烯键形成了共轭，这样反而降低了活性。所以根据目前的研究结果和资料，图7-10所示的结构为高活性化合物的框架结构。3,4-亚甲二氧苯基能否被另外的基团取代而保持或增强化合物的活性，还需要进一步的研究。从本研究中可以得出图 7-10 所示的化合物是一类有发展前景的化合物，这类化合物不但有很强的杀虫活性，作用迅速，而且在环境中容易降解，不会残留污染环境，应该重视这类化合物的研究。

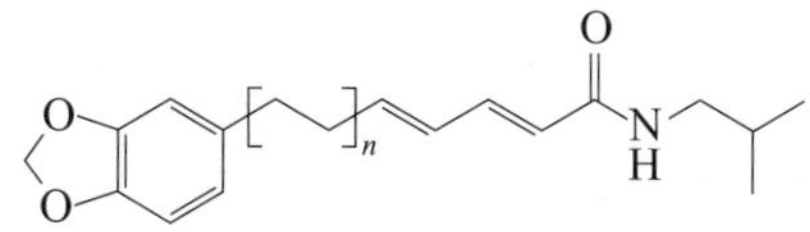

图 7-10　预测高活性化合物框架结构

这个研究结论在 piperclideⅢa、dihydropiperclideⅢb 和 guineensineⅢc 的研究中得到验证，Miyakado 研究的这三个化合物的结构式如图 7-11 所示。dihydropiperclideⅢb对绿豆象毒杀活性最高，piperclideⅢa 和 guineensineⅢc 次之，三者对绿豆象的毒杀活性分别是 0.23μg/虫、0.56μg/虫、0.36μg/虫。与 piperclideⅢa 和 guineensineⅢc 连接的烯键与 3,4-亚甲二氧苯基形成共轭，活性就会有所降低，dihydropiperclideⅢb 没有形成以上的共轭，保留了如图 7-10 所示的活性框架，所以有较好的活性，从而验证了本研究的结果。

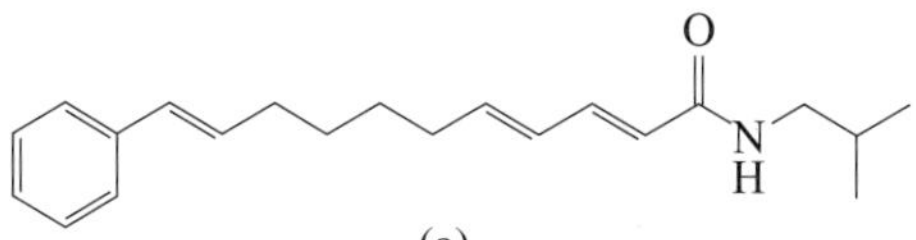

(a)

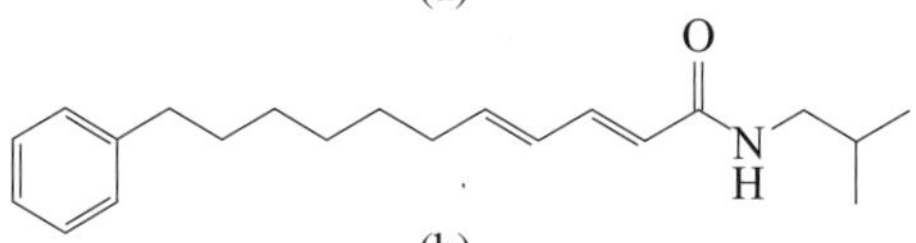

(b)

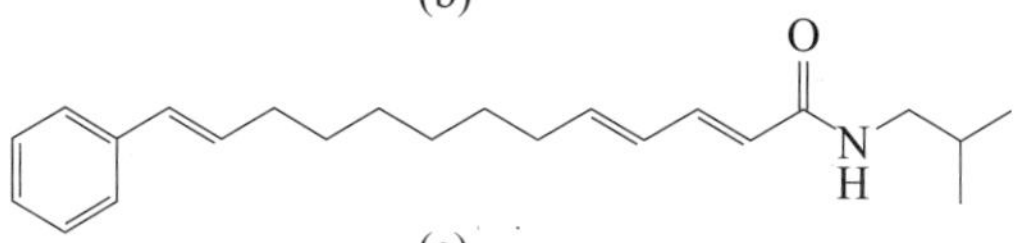

(c)

图 7-11　化合物 piperclideⅢa（a）、dihydropiperclideⅢb（b）和 guineensineⅢc（c）的结构式

piperineⅡ的研究结果表明，如图 7-12 所示结构的化合物对绿豆象活性表现很低，对绿豆象活性>10μg/虫。图 7-12 所示结构既没有异丁基结构，同时

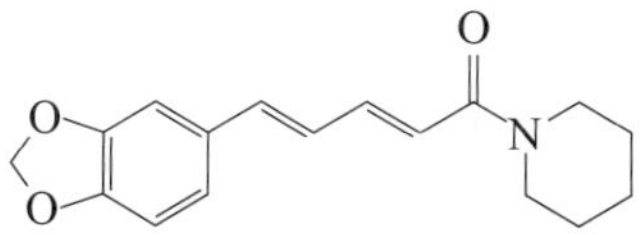

图 7-12　化合物 piperineⅡ的结构式

3,4-亚甲二氧苯基与烯键又形成了共轭，所以杀虫活性就表现得很弱。根据以上分析结果，图 7-10 所示的结构是本研究中得出的最佳杀虫活性结构。

第三节　七个马兜铃内酰胺同系物活性结构分析

从山蒟（*Piperr hancei* Maxim）植物材料中，还分离到一系列化合物马兜铃内酰胺同系物，马兜铃内酰胺Ⅱ对致倦库蚊的毒杀活性，在化合物浓度为 20μg/mL 时处理 12h 后校正平均死亡率是 77.28%，24h 后是 90.54%，对致倦库蚊的 LC_{50} 是 8.0953μg/mL，比 *N*-异丁基-反-2-反-4-癸二烯酰胺的活性还要高一些。化合物浓度在 20μg/mL 下，马兜铃内酰胺 AⅡ对白纹伊蚊的校正

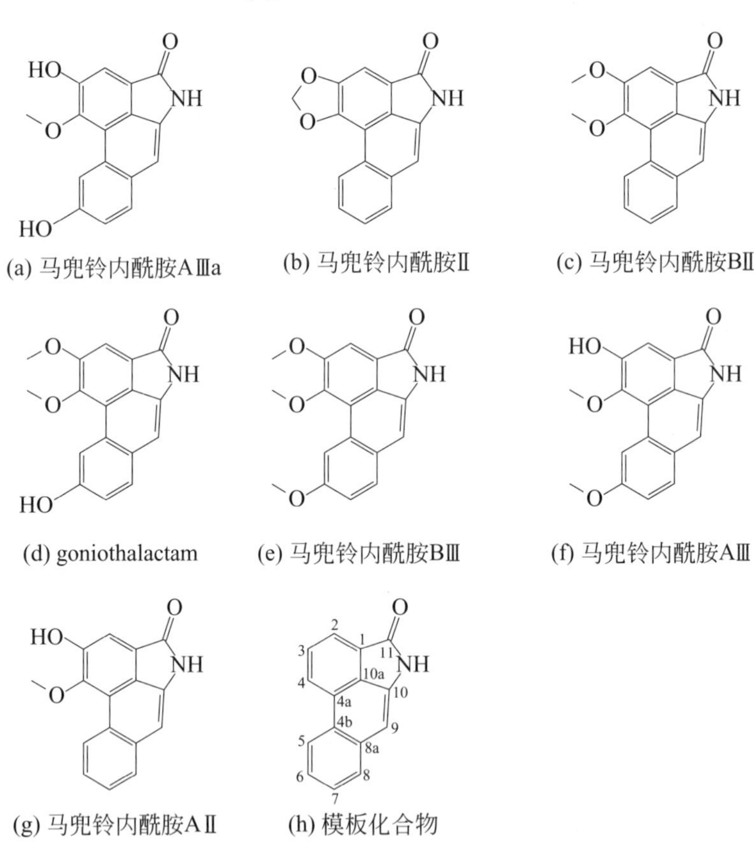

图 7-13　7 个马兜铃内酰胺类似化合物的结构式

平均死亡率在处理 12h 和 24h 后都是 46.92%，LC_{50}是 15.32μg/mL，马兜铃内酰胺 AⅡ 在 20μg/mL 浓度处理下对致倦库蚊的校正死亡率在处理 12h 和 24h 后分别是 32.19%和 38.92%，马兜铃内酰胺 AⅢ在 20μg/mL 浓度下对致倦库蚊的校正死亡率在处理 12h 和 24h 分别是 18.04%和 75.00%，从数据看化合物的活性和结构也有一定的关系。

图 7-13 为马兜铃内酰胺Ⅱ的另外六个同系物。与模板化合物对比，3 和 4 位的 3,4-亚甲二氧基取代和 6 位没有取代基，决定了马兜铃内酰胺Ⅱ无论对白纹伊蚊还是致倦库蚊都有一定的杀虫活性。在 3 位是羟基、4 位是甲氧基取代、6 位没有取代的情况下，活性就会保持，如马兜铃内酰胺 AⅡ，可见 6 位没有被取代使马兜铃内酰胺的活性提高幅度很大。在仍保持 3 位是羟基、4 位是甲氧基取代的情况下，6 位为甲氧基存在，如马兜铃内酰胺 AⅢ，也有一定的活性，但发挥毒杀作用比较慢。

第四节　山蒟部分化合物对家蝇的活性

一、点滴法测定山蒟部分化合物对家蝇的生物活性

准确称取 0.01g 化合物，先加少量丙酮溶解，然后在超声波下振荡溶解，丙酮定容至 100μg/mL。

家蝇被乙醚快速麻醉后，用微量点滴仪，每头测试虫点 5μL 药液于家蝇的前胸背板，放入直径 2.5cm、高 7.5cm 的平底试管中，每只平底试管接入家蝇前要放入 1g 的白糖，每次处理 15 只家蝇，重复三次，接入家蝇后用纱布蒙上扎紧，纱布外放一润湿棉花团，注意观察棉花团干之后再润湿放回，不可加水太多，否则会使蔗糖变黏，黏死家蝇。

山蒟化合物对家蝇的毒杀活性如表 7-4 所示，可以看出在处理 24h 后，icariside D2 校正死亡率达到 40%，darendoside A 达到 30%，肉桂酸达到 23.33%，*N*-异丁基-反-2-反-4-癸二烯酰胺达到 23.33%，其他的化合物都没有明显的活性。在处理 48h 后，icariside D2 和 darendoside A 校正死亡率都达到 43%，肉桂酸达到 26.66%，*N*-异丁基-反-2-反-4-癸二烯酰胺达到 23.33%，与 24h 的处理相比没有明显变化，证明随时间增加 *N*-异丁基-反-2-反-4-癸二烯酰胺活性并没有提高。*N*-异丁基-反-2-反-4-癸二烯酰胺、异东莨菪素、马兜铃内酰胺 AⅡ 和 chingchengenamide A 活性在 5%水平差异不显著，都在 20%

左右，其他的化合物都没有明显的活性。在处理72h后，icariside D2平均死亡率达到56.66%，darendoside A达到46.66%，*N*-异丁基-反-2-反-4-癸二烯酰胺、肉桂酸、马兜铃内酰胺AⅡ、chingchengenamide A在5%水平下，差异都不显著，平均死亡率都在30%左右，其他化合物没有明显的毒杀活性。总的来说，用点滴方法处理家蝇，只有icariside D2和darendoside A有一定的活性，其他化合物作用效果都不理想。资料报道有较好杀虫活性的化合物，也没有表现较好活性，分析原因可能是家蝇的体表不利于化合物的渗透，所以采用点滴方法化合物没有较好的表现。

表7-4 点滴法测定山药化合物对家蝇的毒杀活性①

化合物	24h校正死亡率/%	48h校正死亡率/%	72h校正死亡率/%
异东莨菪素	16.66±8.81bcd②	20.00±11.54abc	20.00±11.54bc
肉桂酸	23.33±6.66abc	26.66±8.81ab	33.33±12.01abc
4-羟基-3,5-二甲氧基苯甲酸	0.00±0.00d	20.00±5.77abc	20.00±5.77bc
马兜铃内酰胺AⅢa	0.00±0.00d	0.00±0.00c	3.33±3.33c
马兜铃内酰胺Ⅱ	3.33±3.33cd	3.33±3.33bc	6.66±3.33c
哥纳香内酰胺	0.00±0.00d	3.33±3.33bc	13.33±3.33c
马兜铃内酰胺AⅢ	0.00±0.00d	10.00±5.77bc	10.00±5.77c
马兜铃内酰胺AⅡ	13.33±6.66bcd	20.00±11.54abc	30.00±15.27abc
darendoside A	30.00±10.00ab	43.33±8.81a	46.66±12.01ab
icariside D2	40.00±15.27a	43.33±12.01a	56.66±18.55a
N-*p*-香豆酰酪胺	0.00±0.00d	10.00±5.77bc	13.33±3.33c
荜茇宁	0.00±0.00d	0.00±0.00c	3.33±3.33c
chingchengenamide A	10.00±5.77bcd	13.33±6.66bc	26.66±6.66abc
N-反-阿魏酰酪胺	0.00±0.00d	3.33±3.33bc	10.00±5.77c
巴豆环氧素	3.33±3.33cd	6.66±6.66bc	13.33±13.33c
N-异丁基-反-2-反-4-癸二烯酰胺	23.33±6.66abc	23.33±6.66abc	33.33±3.33abc

① 对家蝇成虫的测定浓度为100μg/mL。

② 表中同列数据后小写字母相同者表示在5%水平上差异不显著（DMRT法），表中数据为平均值±S.E.。

由表7-5可以看出，测得的LC_{50}的大小依次为icariside D2＞*N*-异丁基-反-2-反-4-癸二烯酰胺＞darendoside A，所以化合物的活性顺序应该是darendoside A＞*N*-异丁基-反-2-反-4-癸二烯酰胺＞icariside D2。

表 7-5　化合物点滴方法处理家蝇 48h 的毒力

化合物	毒力回归方程	相关系数	LC_{50} /(μg/mL)	95%置信区间
darendoside A	$y=1.1192+2.2631x$	0.9185	51.8557	39.0037～80.3428
icariside D2	$y=2.1705+1.3905x$	0.8451	108.3656	61.6694～391.3098
N-异丁基-反-2-反-4-癸二烯酰胺	$y=1.2208+1.9413x$	0.9231	88.4674	57.1207～210.0409

二、胃毒法初筛化合物对家蝇的活性

由表 7-6 可以得到，在处理 24h 后，使用马兜铃内酰胺 AⅡ处理的家蝇校正平均死亡率最高，可以达到 65%，异东莨菪素和 *N*-异丁基-反-2-反-4-癸二烯酰胺的校正平均死亡率都是 35%，其他的化合物都没有明显的毒杀活性，校正平均死亡率都在 20%以下，在 5%的水平下差异不显著。

表 7-6　胃毒法测化合物对家蝇的毒杀活性[①]

化合物	24h 校正死亡率/%	48h 校正死亡率/%	72h 校正死亡率/%
异东莨菪素	35.00±5.00ab[②]	35.00±5.00b	35.00±5.00ab
肉桂酸	20.00±10.00b	20.00±0.00b	25.00±5.00b
4-羟基-3,5-二甲氧基苯甲酸	5.00±5.00b	10.00±10.00b	10.00±10.00b
马兜铃内酰胺 AⅢa	10.00±0.00b	5.00±5.00b	10.00±0.00b
马兜铃内酰胺Ⅱ	15.00±5.00b	25.00±5.00b	25.00±5.00b
哥纳香内酰胺	5.00±5.00b	10.00±0.00b	10.00±0.00b
马兜铃内酰胺 AⅢ	10.00±10.00b	15.00±15.00b	15.00±15.00b
马兜铃内酰胺 AⅡ	65.00±35.00a	75.00±25.00a	80.00±30.00a
darendoside	5.00±5.00b	5.00±5.00b	5.00±5.00b
icariside D2	0.00±0.00b	0.00±0.00b	5.00±5.00b
N-*p*-香豆酰酪胺	10.00±10.00b	20.00±20.00b	20.00±20.00b
荜茇宁	10.00±0.00b	15.00±5.00b	15.00±5.00b
chingchengenamide A	5.00±5.00b	10.00±0.00b	10.00±0.00b
N-反-阿魏酰酪胺	15.00±15.00b	20.00±20.00b	20.00±20.00b
巴豆环氧素	10.00±10.00b	15.00±15.00b	15.00±15.00b
N-异丁基-反-2-反-4-癸二烯酰胺	35.00±15.00ab	40.00±10.00ab	45.00±5.00ab

① 对家蝇成虫的测定浓度为 100μg/mL。

② 表中同列数据后小写字母相同者表示在 5%水平上差异不显著（DMRT 法），表中数据为平均值±S. E. 。

在处理48h后，使用马兜铃内酰胺AⅡ处理的家蝇校正平均死亡率仍然最高，达到75%，N-异丁基-反-2-反-4-癸二烯酰胺的校正平均死亡率达到40%，异东莨菪素的校正平均死亡率35%，马兜铃内酰胺Ⅱ25%，其他化合物都没有明显的毒杀活性，校正平均死亡率都在20%以下，在5%的水平下差异不显著。

在处理72h后，各种化合物处理的死亡率与24h和48h没有明显的变化，基本保持原来的校正平均死亡率。

总之，在100μg/mL浓度处理下，在各个处理时间段，只有马兜铃内酰胺AⅡ和N-异丁基-反-2-反-4-癸二烯酰胺有较高杀虫活性。N-异丁基-反-2-反-4-癸二烯酰胺也就是墙草碱，有较高的杀虫活性，但在实验测定中只达到了40%的毒杀活性，而马兜铃内酰胺AⅡ可以达到70%左右，证明马兜铃内酰胺AⅡ作为一种对家蝇有良好潜在毒杀活性的化合物，具有进一步研究和开发的必要，可以作为以后研究开发的重点，而且其结构比较稳定。

由表7-7可以得出，LC_{50}大小顺序为荜茇宁＞马兜铃内酰胺AⅡ，活性顺序为马兜铃内酰胺AⅡ＞荜茇宁。

表7-7　化合物胃毒方法处理家蝇48h的LC_{50}

化合物	毒力回归方程	相关系数	LC_{50} /(μg/mL)	95%置信区间
荜茇宁	$y=1.1959+2.6263x$	0.9293	75.4049	47.9905～199.2471
马兜铃内酰胺AⅡ	$y=2.0505+1.5240x$	0.9610	86.1555	49.4994～366.1750

第五节　山蒟部分化合物对斜纹夜蛾卵巢细胞（SL）的毒性

一、鉴定出的化合物对SL细胞的毒性

由表7-8可以看出，100μg/mL化合物处理SL细胞48h后荜茇宁、N-异丁基-反-2-反-4-癸二烯酰胺、马兜铃内酰胺AⅢ对SL细胞的校正死亡率都在50%以上，分别是64.89%、84.37%和65.86%，这三个化合物对SL细胞都有很高的抑制活性，其中N-异丁基-反-2-反-4-癸二烯酰胺的校正死亡率达到

80%以上，抑制活性最高。其他的化合物校正死亡率都在50%以下，N-反-阿魏酰酪胺和chingchengenamide A校正死亡率分别为42.51%和39.31%，有一定抑制活性，其他的化合物在100μg/mL抑制活性都比较低。

表7-8 山药分离到的化合物对SL细胞48h毒杀活性

化合物	100μg/mL校正死亡率/%	50μg/mL校正死亡率/%
4-羟基-3,5-二甲氧基苯甲酸	5.40±3.42hi①	8.77±4.36efg
chingchengenamide A	39.31±2.68cd	34.24±2.43cd
荜茇宁	64.89±1.21b	60.55±1.93a
N-异丁基-反-2-反-4-癸二烯酰胺	84.37±1.02a	58.08±0.58a
N-反-阿魏酰酪胺	42.51±8.13c	41.64±3.51bc
马兜铃内酰胺AⅢ	65.86±6.56b	52.49±6.76ab
马兜铃内酰胺AⅢa	32.26±6.26cdefg	19.25±4.29def
肉桂酸	36.64±5.98cde	34.98±3.85cd
icariside D2	24.57±6.89cdefg	21.73±4.79de
异东莨菪素	−8.66±5.24i	−19.07±5.54h
哥纳香内酰胺	34.63±2.25cde	23.15±4.49de
马兜铃内酰胺AⅡ	2.80±4.38hi	9.19±1.12efg
巴豆环氧素	13.45±4.50gh	20.31±3.68def
darendoside A	15.21±8.92fgh	2.28±3.32g
马兜铃内酰胺BⅡ	20.15±6.28cdefg	1.20±6.36g
马兜铃内酰胺BⅢ	18.53±7.67efgh	4.97±7.11fg
马兜铃内酰胺Ⅱ	29.22±3.56cdefg	13.32±4.87efg
N-*p*-香豆酰酪胺	33.80±7.89cdef	22.93±9.71de

① 表中同列数据后小写字母相同者表示在5%水平上差异不显著（DMRT法），表中数据为平均值±S. E.。

50μg/mL化合物处理SL细胞48h后荜茇宁、N-异丁基-反-2-反-4-癸二烯酰胺、马兜铃内酰胺AⅢ的校正死亡率分别是60.55%、58.08%、52.49%，抑制活性依然在50%以上，三个化合物依然有良好的抑制活性。其他化合物活性都比较低，抑制活性都在50%以下，只有N-反-阿魏酰酪胺、chingchengenamide A、肉桂酸有一定的抑制活性，抑制率分别是41.64%、34.24%、34.98%。其余的化合物基本没有抑制活性。

二、筛选高活性化合物处理 SL 细胞 48h 后的毒力

由表 7-9 可以看出，荜茇宁有最好的抑制活性，对 SL 细胞有效抑制半浓度为 1.8700μg/mL，*N*-异丁基-反-2-反-4-癸二烯酰胺次之，对 SL 细胞有效抑制半浓度为 15.9102μg/mL，马兜铃内酰胺 AⅢ 的有效抑制半浓度为 38.8288μg/mL，可见三个有较高抑制活性的化合物中，以荜茇宁的抑制活性最高。

表 7-9　化合物处理 SL 细胞 48h 的毒力

化合物	毒力回归方程	相关系数	LC_{50} /(μg/mL)	95%置信区间
荜茇宁	$y=4.7944+0.7484x$	0.9457	1.8700	0.6362～5.4960
N-异丁基-反-2-反-4-癸二烯酰胺	$y=1.8827+2.5941x$	0.9737	15.9102	11.9580～21.1686
马兜铃内酰胺 AⅢ	$y=2.8719+1.3391x$	0.9860	38.8288	31.6092～47.6975

参　考　文　献

[1] Latif Z, Thomas G H, Martin J R, et al. Novel and insecticidal isobutylamides from *Dinosperma eythrococca*. The Journal of Natural Product, 1998, 61 (5): 614-619.

[2] Miyakado M, Nakayama I, Yoshioka H, et al. The Piperaceae amides Part I, structure of pipercide, a new insecticidal amide from *Piper nigrum*. Agricultural Biology and Chemistry, 1979, 43 (7): 1609.

[3] Miyakado M, Nakayama I, Yoshioka H, et al. Insecticidial joint action of pipercide and couuring compounds isolate from *Piper nigrum*. Agricultural Biology and Chemistry 1980, 44 (7): 1701-1703.

[4] Miyakado M, Nakayama I, Ohno N. Insecticidal unsaturaed isobutylamides. in: Insecticides of Plant Origin. A. C. S. Symposium series No. 387. American Chemical Society, Washington D. C. , 1989. 173-187.

山药微乳剂剂型配制

一、微乳剂简介

农药微乳剂（micro emulsion，ME）是农药制剂中的一种新剂型，是农药剂型开发的新方向之一，它借助表面活性剂的增溶作用，将液体或固体农药的有机溶液均匀分散在水中，形成光学透明或半透明的分散体系，是一种水性化农药剂型，具有稳定性好、药效高、使用安全、环境污染小等特点。由于其粒径比乳油小几十至几百倍，因而更有利于有效成分发挥药效，降低使用量和使用成本；并且以水为连续相，以水基代替油基，使微乳剂成为环境相容性好的新剂型，一经问世，就受到研究人员的重视。本研究旨在通过山蒟微乳剂的研制，为这种绿色农药开发出一种环保的剂型，为今后的开发利用做准备。

二、材料与方法

1. 试验材料

（1）试验药品　山蒟粗提取物由2010年采自福建武夷山的山蒟植物经烘干、粉碎、甲醇浸泡、抽滤、浓缩、石油醚萃取得到；溶剂：正丁醇、二甲苯、95%乙醇、环己烷（国药集团化学试剂有限公司）、异丙醇、苯、甲醇、乙酸乙酯、丙酮、石油醚均产自广州化学试剂厂；乳化剂：壬基酚聚氧乙烯醚（NP-10）、十二烷基苯磺酸钙（农乳500＃）、烷基酚甲醛树脂聚氧乙烯醚（农乳700＃）、苯乙基酚聚氧乙烯醚（农乳601＃）、苯乙基酚聚氧乙烯醚（农乳602＃）、苯乙烯基苯酚甲醛树脂聚氧乙烯聚氧丙烯嵌段型聚醚（宁乳33＃）、苯乙烯苯酚甲醛树脂聚氧乙烯聚氧丙烯醚（宁乳34＃）、脂肪醇聚氧乙烯醚（JFC）均购于当地试剂公司；麦麸、面粉、奶粉、酵母（哈尔滨马利酵母有限公司）、蔗糖于市面购买。

（2）试验仪器　移液枪（BIO-DL），海尔冰箱，数显恒温水浴锅HH-8（国华电器有限公司），HH-4数显恒温水浴锅（上海浦东物理光学仪器厂），MP2002电子天平（上海恒平科学仪器有限公司），电热蒸馏水器（上海生银医疗仪器仪表有限公司），养虫笼（自制），Heidolph旋转蒸发仪（Laborota 4000 efficient），80-2离心机（江苏大地自动化仪器厂）。

（3）试验虫　家蝇（*Musca domestica* Linaeus）采自海南大学儋州校区菜市场。家蝇幼虫饲料配方：麦麸250.0g、面粉12.5g、奶粉8.0g、酵母粉2.5g和水500mL；成虫饲料为蔗糖、奶粉、水。面粉、麦麸、奶粉以及酵母均为市售。幼虫饲料加入直径10cm的培养皿中，放入家蝇成虫饲养笼中，每天定时取出，卵 1～2d 孵化，幼虫发育成老熟幼虫化蛹需要 6～8d，化蛹后，把蛹转移至养虫笼中，3～5d 后即可羽化，取羽化后 3d 的成虫供试。

2. 试验方法

（1）溶剂的筛选　称取 1.0g 山蒟石油醚提取物于 10 个 20mL 具塞三角瓶中，分别加入正丁醇、二甲苯、95%乙醇、环已烷、异丙醇、苯、甲醇、乙酸乙酯、丙酮、石油醚 2mL 备选溶剂，搅拌观察溶解情况。以 10mL 为极限，逐步增加溶剂到刚好溶解的量，同等条件下看各个瓶中初始（放置 10min 后，以下相同）和 24h 后溶解情况，选择用量最少、溶解最完全的溶剂。将其在 0℃冰箱，54℃恒温箱中分别放置 7d 和 14d 后观察情况，选择对山蒟溶解最好的溶剂进行下一轮的筛选。

（2）乳化剂的筛选　确定溶剂后，对植物源农药乳化效果好的 NP-10、农乳 500＃、农乳 700＃、农乳 601＃、农乳 602＃、宁乳 33＃、宁乳 34＃、JFC 进行筛选，通过肉眼判断微乳的形成。分别取 3.0g 乳化剂加入制剂中，然后观察制备好的样品初始、常温 24h 后，(0±2)℃和（54±2)℃分别放置 7d 和 14d 后的状态。选择在以上情况下保持透明、稳定体系的乳化剂进行下一步的梯度筛选，其他表面活性剂不再进行下一轮筛选。

（3）乳化剂量的梯度筛选　选择在乳化剂的筛选环节中保持透明稳定体系的 JFC 乳化剂，采用梯度增加的方法，设置 1.0g、1.5g、2.0g、2.5g、3.0g 5 个不同量来制备微乳液，然后观察初始、常温 24h 后，(0±2)℃和（54±2)℃分别放置 7d 和 14d 后的状态，选择保持均相透明体系的最小量进行下一步试验。

（4）水质的筛选　前面配制成的乳油状液体分别以蒸馏水、去离子水、自来水、标准硬水等 4 种不同的水质，补足到 5%山蒟微乳剂样品，观察初始、常温 24h 后、(0±2)℃和（54±2)℃分别放置 7d 和 14d 后的状态。

（5）山蒟微乳剂的制备　按筛选比例将山蒟粗提物溶于筛选好的溶剂中，再加入适量筛选好的乳化剂，在充分搅拌下倒入筛选好的水至 100%，充分搅拌均匀，呈墨绿色液体，即为 5%山蒟微乳剂。

3. 5%山蒟微乳剂的性能测定

（1）pH 值的测定　参照中华人民共和国国家标准《农药 pH 值的测定方法》(GB/T 1601—93）执行。

（2）乳液稳定性的测定　参照国家标准 GB/T 1603—2001 要求进行，用 342mg/L 标准硬水，将 5%山蒟微乳剂样品稀释至 200 倍后，于 30℃下静置 1h，保持透明状态，重复做 3 个批次，均无油状物悬浮或固体物沉淀为合格，在常温下放置1年，观察其外观、测定其乳化分散性。

(3) 低温稳定性的测定　参照国家标准GB/T 19137—2003要求进行，分3批次取样移取100mL的样品加入离心管中，在制冷器中冷却至(0±2)℃，让离心管及其内容物在(0±2)℃下保持1h，其间每隔15min搅拌1次，每次15s，检查并记录有无固体物或油状物析出。将离心管放回制冷器，(0±2)℃下继续放置7d，将离心管取出，在室温(不超过20℃)下静置3h，离心分离15min。记录管子底部析出物的体积(精确至0.05mL)，析出物不超过0.3mL为合格。

(4) 高温稳定性的测定　按国家标准GB/T 19136—2003《农药热贮稳定性测定方法》进行测试。用注射器将约30mL试样，注入洁净的具塞磨口玻璃瓶中(避免试样接触瓶颈)，冷却至室温称重。将固定密封好的玻璃瓶置于金属容器内，再将金属容器在(54±2)℃的恒温水浴中放置14d。取出，将玻璃瓶外面拭净后称量，质量未发生变化的试样要求外观保持均相透明，若出现分层，于室温振摇后能恢复原状则视为合格，重复操作3个批次。

(5) 透明温度区域的测定　将10mL的样品放入具塞试管中，于数控恒温水浴锅固定放置，从0℃开始放置每隔2℃设置1个温度，梯度上升到100℃，再放到冰箱中，从0℃开始放置每隔2℃设置1个温度，至下降到－10℃，观察并记录变浑浊的最高温度和最低温度，重复操作3次，求其平均值。

(6) 有效成分稳定性的测定　试验采用5%山药微乳剂高温(54±2)℃处理14d的药剂和常温2个状态，在每个状态都分别采用0.1g/L、0.05g/L、0.025g/L、0.01g/L、0.005g/L五个质量浓度和1个空白处理，每个处理重复3次，一共27个区，每个区30只家蝇，36h后统计试验结果，指示活性的方法为测定5%有效成分的稳定性，有效成分分解率小于5%～10%，即认为是合格。本实验用对家蝇的活性变化来指示其分解率：

$$分解率=\frac{热贮\ LC_{50}-常温\ LC_{50}}{常温\ LC_{50}}\times 100\%$$

三、结果与分析

1. 溶剂的筛选

溶剂的作用为改变分散相质量浓度、黏度、胶粒的分散性以及结构，从而改变农药的聚结性，本实验通过测定10种常见的溶剂对山药提取物的溶解性来选择合适的溶剂，以10mL为极限，分别加入刚好溶解的量，然后观察放置10min后的初始状态，结果如表8-1所示。从溶解效果的排列顺序来看，乙酸乙酯能以最少的量完全溶解山药粗提取物，经过7d的（0±2)℃冷贮和14d的(54±2)℃热贮后，仍保持优良的溶解状态。

表 8-1　溶剂的筛选

供试溶剂	溶解范围/mL	起始状态(10min)	24h	(0±2)℃ 7d	(54±2)℃ 14d
乙酸乙酯	3	完全溶解	完全溶解	完全溶解	完全溶解
二甲苯	4	完全溶解	完全溶解	分层	完全溶解
正丁醇	6	沉淀	结晶 沉淀	析出 沉淀	沉淀 分层
异丙醇	8	沉淀	分层 沉淀	析出 沉淀	分层
苯	5	分层	黏稠	挥发 沉淀 凝固	分层
95%乙醇	7	沉淀 有油渍状	沉淀	析出 沉淀	分层
甲醇	6	沉淀 浑浊	结晶	挥发	分层
环己烷	4	分层 沉淀	乳胶 黏稠 凝固	沉淀	分层
丙酮	8	析出有药渣 沉淀	黏稠 乳胶	挥发 沉淀	完全溶解
石油醚	10	凝固 沉淀	凝固 乳胶	挥发 凝固沉淀	沉淀 半透明

2. 乳化剂的筛选

根据山药粗提取物的物理和化学性质、植物源农药的特点，以及微乳剂的特点，所选的乳化剂的HLB值都在8～18之间，符合制成O/W型乳化条件(GB/T 1601—1993)，实验结果如表8-2所示。选择8种表面活性剂，乳化要研究的目标，能出现透明稳定体系且在24h后常温状态、（0±2)℃和（54±2)℃分别放置7d和14d后的状态保持稳定的只有JFC。

表 8-2　乳化剂的筛选

乳化剂	初始	24h	(0±2)℃ 7d	(54±2)℃ 14d
JFC	均匀透明	均匀透明	均匀透明	均匀透明
农乳500#	沉淀	黏稠	凝固 沉淀 挥发	沉淀 凝固
农乳700#	沉淀	沉淀	析出	沉淀
农乳601#	沉淀	结晶 沉淀	析出 沉淀	沉淀 分层
NP 10	沉淀	黏稠	析出沉淀	沉淀 分层
宁乳33#	分层 沉淀	沉淀 结晶	沉淀 挥发	沉淀 分层
宁乳34#	分层 沉淀	沉淀 结晶	沉淀	沉淀
农乳602#	沉淀 浑浊 分层	沉淀 结晶	析出 沉淀	分层

3. 乳化剂量的梯度筛选

为了既能乳化要制备的剂型，又减少乳化剂的使用，降低成本和减少对环境的污染，根据乳化剂在药剂中需要占的百分比，设计了 5 个不同的用量，结果如表 8-3 所示。由表 8-3 可以看出，在样品中加入 2.5g 和 3.0g JFC，在要求测试温度下都显示透明体系，从减少成本和污染来看，应选择使用 2.5g JFC。

表 8-3 JFC 的梯度

JFC 用量	3g	2.5g	2.0g	1.5g	1.0g
初始	透明	透明	沉淀	沉淀	沉淀
2h 后	透明	透明	透明	透明	透明
(0±2)℃ 7d	透明	透明	透明	透明	透明
(54±2)℃ 14d	透明	透明	透明	透明	透明

4. 水质的筛选

分别以蒸馏水、去离子水、自来水、标准硬水等不同的水质配制 5%山药微乳剂，然后测定其对体系稳定性的影响。观察初始、常温 24h 后，(0±2)℃和（54±2)℃分别放置 7d 和 14d 后的状态，结果如表 8-4 所示。由表 8-4 可以看出，去离子水和自来水的效果比较好，都表现为均相透明。但在实际生产中自来水含有不同含量的金属离子及其他未知因子，而且在不同地区自来水的硬度不一；而去离子水生产简单易行，用于配制微乳剂既经济又稳定。因此，建议使用去离子水配制 5%山药微乳剂。

表 8-4 水质的筛选

水质	初始	24h	冷贮(0±2)℃ 7d	热贮(54±2)℃ 14d
去离子水	透明	透明	透明	透明
自来水	透明	透明	透明	透明
蒸馏水	透明	透明	沉淀 析出	析出 黏稠
标准硬水	透明	透明	沉淀 析出	透明

5. 5%山药微乳剂的性能测定结果

(1) pH 值的测定 根据微乳剂的 pH 值在 6～9 的范围内，微乳剂剂型热贮分解率会相当稳定，用 pH 值计对 5%山药微乳剂的样品进行 3 次测定后，其平均值为 7.43，显中性，视为合格。pH 值的测定结果如表 8-5 所示。

表 8-5　pH 值测定结果

样品编号	1	2	3	平均
pH 值	7.26	7.38	7.65	7.43

（2）乳液稳定性的测定　5%山药微乳剂试样在标准硬水中 3 个批次的操作均呈均匀透明液体，经稀释 200 倍后乳状液的性状良好，没有沉淀物析出，无分层的透明液体，符合农药乳液稳定性测定方法，表明 5%山药微乳剂乳状液稳定性良好。放置在常温条件下 1 年时间，外观、乳化分散性均合格。

（3）低温稳定性的测定　取 5%山药微乳剂 100mL 参照国家标准测定后，放置在 (0±2)℃下 7d，3 个批次均无浮油、沉油及沉淀析出，低温稳定性合格。

（4）高温稳定性的测定　将 30mL 样品装入具塞玻璃瓶中，3 个批次在 (54±2)℃的恒温水浴锅里贮存 14d，有轻微浑浊，在室温振摇后能恢复原状，高温稳定性合格。

（5）透明温度区域的测定　取 10mL 试样品放入具塞试管中，放入数控水浴锅中，设置好温度上升 2℃或下降 2℃的幅度，试样在慢慢上升的水温中由透明变浑浊，记下临界点温度，放入冰箱，试管中的试样由透明逐渐变浑浊，记下临界点温度，为温度限值。测定结果：该制剂的透明温度区域为−5～48℃，满足 0～40℃保持透明不变的标准要求，视为合格。

（6）有效成分稳定性的测定　家蝇用药剂分别热贮 (54±2)℃ 14d、常温两个状态处理后，活性测试结果如表 8-6 所示。由表 8-6 可以看出，处理 36h 后，常温、热贮条件下 LC_{50} 值分别为 0.0030g/L、0.0027g/L，可见在不同贮存条件下，5%山药微乳剂对家蝇的活性差别很小。在 36h 后活性指示的分解率为 10%，符合分解率在 5%～10%之间的要求，说明热贮条件下剂型保持稳定，分解很少，是一种合格的剂型。

表 8-6　山药水乳剂不同条件下活性测试

温度条件	时间/h	回归方程	相关系数	LC_{50} /(g/L)	置信区间
常温	36	$y=7.5674+1.0199x$	0.9937	0.0030	0.0005～0.0066
热贮	36	$y=6.8947+0.7398x$	0.9505	0.0027	0.0002～0.0070

四、结论与讨论

本研究通过溶剂、乳化剂、水质的选择，以及溶剂、乳化剂、水量的确定，制备出5%山蒟微乳剂剂型，并通过pH值及高温、低温、硬水、活性成分稳定性测定，证明5%山蒟微乳剂是一种稳定的剂型。

制得的5%山蒟微乳剂稳定性的测定是一个难点，因为植物源农药是一种混合物，很难用现代仪器测定其稳定性和分解率，再加上山蒟是一种新发现的植物源农药，还没有建立起测定其分解率的指标，故只能借助于生物测定的手段，观察统计其对家蝇的活性变化，来判断其分解率和稳定性。但这种方法也有一些不确定因素，可能分解得到的化合物活性更强，可能分解得到的化合物活性更弱，也可能分解前后化合物的总活性相当。

5%山蒟微乳剂的配制成功，顺应当今对高效、低毒、低残留农药的需求，是当今剂型发展的一个方向；但是山蒟的生长环境比较苛刻，主要生长在阴暗潮湿的山区环境，目前主要是野生的，还没有人工大量栽培，要想解决需要大量的原料问题，必须解决人工栽培问题，这将是以后研究的重点。

参 考 文 献

[1] 仙鸣，刘哲峰，兀新养，等．20%氰戊菊酯微乳剂的研制［J］．应用化工，2007，36（4）：409-411.

[2] 农业部农药检定所．新编农药手册［M］．北京：中国农业出版社，1989：242-243.

[3] 黄啟良，李干佐，张文吉．高效氯氰菊酯微乳化复合表面活性剂体系的相行为及增溶［J］．中国农业科学，2006，39（6）：1173-1178.

[4] 崔正刚，殷福珊．微乳化技术及应用［M］．北京：中国轻工业出版社，1999：73-74.

[5] 戴春芳，阳鹏，沈德隆，等．15%氟铃脲·毒死蜱微乳剂的研制［J］．浙江工业大学学报，2010，36（5）：543-546.

[6] 沈阳化工研究院．GB/T 1601—93. 农药pH值的测定方法［S］．北京：中国标准出版社，1994.

[7] 沈阳化工研究院．GB/T 1603—2001. 农药乳液稳定性测定方法［S］．北京：中国标准出版社，2004.

[8] 农业部农药检定所．GB/T 19137—2003. 农药低温稳定性测定方法［S］．北京：中国标准出版社，2003.

[9] 农业部农药检定所．GB/T 19136—2003. 农药热贮稳定性测定方法［S］．北京：中国标准出版社，2003.

[10] 陈福良，尹明明，王仪，等．酸碱度对微乳剂制剂热贮稳定性的影响［J］．农药科研与开发，2008，47（5）：344-345，387.